目で見る
機能安全

神余　浩夫　著

日本規格協会

はじめに

　みなさんは日常生活において，いろいろな機械を使っていると思います．にもかかわらず，家電や鉄道，自動車などを利用して，大怪我をしたことはほとんどないと思います．それは，とりわけ日本企業が，開発・販売した製品の「安全性」に注意を払っているからです．安全性についての日本での伝統的な考え方は，長らく「単純・簡潔・確実」でした．複雑なマイコンやソフトウェアを安全性にかかわらせようとは，以前は考えなかったのです．
　ところが，IECやISOなどの国際安全規格は，その時の技術レベルに合わせて安全性のハードルを少しずつ上げていきました．時が進むにつれて，規格が要求する安全性を実現するためにはコストと工数がかかるようになり，製品の安全対策は技術的に難しくなってきました．特に，1999年に発行された「機能安全」規格は，マイコンやソフトウェアを用いて高度な安全機能を実現することが可能な代わりに，その達成には相当の労力がかかるといわれています．そのため，機能安全の導入に消極的な企業が多いのが現状です．

　ところで，「安全対策はコストがかかる」は本当でしょうか．実は最近，「安全第一」，「安全優先」をアピールする企業や製品が増えています．彼らは，「安全は投資」という立場から，安全対策に積極的に力を入れています．「安全は投資」というからには，投資を回収できるだけの利益あるいは効果があるはずです．
　では，安全に投資することで，どのような利益や効果が得られるのでしょうか．特に，機能安全を製品や生産設備に導入することで，どのような効能が得られるのでしょうか．

本書は，「機能安全で儲かる」をテーマとし，機能安全で製品の性能や効率が向上する事例を，家電（第2章）や鉄道（第3章），自動車（第4章），エレベーター（第5章），ロボット（第6章）の各分野について紹介しています．機能安全の規格やその導入についての解説書や講習はいくつかありますが，機能安全の事例，とりわけ製品価値の向上に焦点を当てて紹介した書籍は本書が初めてだと思います．

　本書は写真や図表を多く掲載し，できるだけ平易な文章で「目に見える」ように理解できることを意図しています．本書が，機能安全の実例の理解に役立ち，また，みなさんの担当する製品やシステムに機能安全を導入する際の企画書・稟議書作成の一助となりましたら幸いです．

2017年3月

神余　浩夫

目　　次

はじめに ·················· 3

第 1 章　機能安全とは

1.1　洗濯機が危ない？ ··· 10
1.2　安全とリスク ··· 14
1.3　リスクアセスメント ··· 16
1.4　リスク低減 ··· 21
1.5　洗濯機の安全対策 ··· 24
1.6　機能安全とは ··· 26
1.7　機能安全規格 IEC 61508 ······································ 29
　　　第 1 章のまとめ　　32

第 2 章　家電と機能安全

2.1　家電における電子制御 ··· 34
2.2　洗濯乾燥機の機能安全 ··· 36
2.3　安全と省エネ ··· 39
2.4　蒸気レス炊飯器 ··· 42
2.5　IH クッキングヒーター ·· 47
2.6　空調機の機能安全 ··· 52
　　　第 2 章のまとめ　　55

第3章　鉄道と機能安全

3.1　鉄道の速度と安全 …………………………………………… 58
3.2　機械（空気）ブレーキ ……………………………………… 60
3.3　電気指令式空気ブレーキ …………………………………… 63
3.4　電気ブレーキ（回生ブレーキ） …………………………… 66
3.5　ブレーキのまとめ …………………………………………… 69
3.6　閉そくと信号 ………………………………………………… 72
3.7　自動列車停止装置（ATS） ………………………………… 75
3.8　ATS-S と ATS-P …………………………………………… 77
3.9　自動列車制御装置（ATC） ………………………………… 81
3.10　デジタル ATC ……………………………………………… 83
3.11　自動列車運転装置（ATO） ……………………………… 85
3.12　無線式列車制御装置（CBTC） …………………………… 87
　　　第3章のまとめ　90

第4章　自動車と機能安全

4.1　エアバッグシステム ………………………………………… 92
4.2　電子制御ユニット（ECU） ………………………………… 95
4.3　アンチロック・ブレーキシステム（ABS） ……………… 98
4.4　トラクションコントロール（TCS） ……………………… 101
4.5　スタビリティコントロール（ESC） ……………………… 103
4.6　衝突被害軽減ブレーキシステム …………………………… 106
4.7　先進安全自動車（ASV） …………………………………… 109
4.8　市販車の先進的安全機能（ADAS） ……………………… 112
4.9　安全機能の価値 ……………………………………………… 115
　　　第4章のまとめ　117

第5章　エレベーターと機能安全

- 5.1　エレベーターの原理 …… 120
- 5.2　エレベーターの安全系 …… 126
- 5.3　超高速エレベーター …… 129
- 5.4　電子化終端階強制減速装置 …… 133
- 5.5　可変速運転 …… 136
- 5.6　戸開閉制御 …… 139
- 5.7　戸開走行保護装置（UCMP） …… 141
- 5.8　地震時管制運転装置 …… 144
- 5.9　最新・将来のエレベーター …… 149
    - 第5章のまとめ　150

第6章　ロボットと機能安全

- 6.1　ロボット3原則 …… 152
- 6.2　ロボットの安全技術と規制 …… 154
- 6.3　産業用ロボットの概要 …… 157
- 6.4　産業用ロボットの例 …… 162
- 6.5　ライトカーテンのミューティング …… 166
- 6.6　産業用ロボットの安全制御の最適化 …… 169
- 6.7　安全PLC …… 172
- 6.8　協働作業ロボット …… 176
- 6.9　サービスロボット …… 179
- 6.10　車いすロボット …… 183
- 6.11　ロボットスーツ® …… 186
- 6.12　生活支援ロボット安全検証センター …… 189
    - 第6章のまとめ　194

全体のまとめ ……………… 195
あとがき ………………… 197
参考となる文献紹介 ……… 199
掲載図表　出典・提供元リスト ……… 201

第 1 章

機能安全とは

1.1 洗濯機が危ない？

みなさんの日常にはいろいろな機械がかかわっています．家電機器，鉄道，自動車，エレベーターなど，生活の中でこれらの機械を普通に使用していることでしょう．また，びっくりするような便利な新機能を搭載した新製品が，毎月，毎年のように発表されています．羽のない扇風機，油のいらないフライヤー，人を探して冷やすエアコン….

洗濯機も，時代とともに進化してきました．現在ではヨコ型ドラム式の洗濯乾燥機が主流ですが，少し前まではタテ型洗濯脱水槽の全自動型がほとんどでした．その前は，洗濯槽と脱水槽が独立した二槽式が活躍していました．

みなさんのお宅にも，タテ型脱水槽の全自動洗濯機はありませんか？もしあるのなら，脱水槽の動きに注意してください．実は，家電機器の業界団体からの注意喚起が発信されています（**図表 1.1**）．

このタイプの全自動洗濯機は，脱水中すなわち脱水槽の回転中にふたを開けると，脱水槽のふたのスイッチが自動的に切れることでブレーキがかかって，脱水槽の回転が止まる仕組みになっています．

洗濯機が新品の頃はブレーキの効きがよいので，脱水槽のふたを開けると直ちに回転が止まります．しかし，長い間使い込むとブレーキの効きが悪くなってくるので，ふたを開けてもすぐには脱水層の回転が止まりません．まだ脱水槽が回っているのにもかかわらず，洗濯物を取り出そうとして脱水槽に手を入れると，洗濯物に手や指が巻き込まれて怪我をする可能性があります．このため，業界団体は古いタテ型全自動洗濯機の所有者に対して，注意喚起を行いました．

図表 1.1　古い全自動洗濯機をお使いの方に
(提供:一般社団法人 日本電機工業会)

では，海外の全自動洗濯機はどうなっているでしょうか．実は，海外メーカの全自動洗濯機の脱水槽のふた，または中ふたには「ふたロック機構」がついていて，脱水槽の回転中にふたが開かないように機械的にロックしています．ふたがロックされている間はふたが開かないので，脱水槽に手を入れることはできません．

脱水槽の回転が止まるとロックが解除されるので，ふたを開けて洗濯物を取り出すことができます．つまり，脱水槽が回転中には手を入れられない構造になっているため，海外の洗濯機には，洗濯中に手や指が巻き込まれる怪我の危険性がないのです．

なぜ，このような違いが日本国内と海外で生まれたのでしょうか．

日本の場合，小さい子供が洗濯機を使わない，回転が止まるまで洗濯物の取出しを待つ，ブレーキの故障や劣化が少ないなど，故障や事故が起こりにくい背景があります．一般的な使い方の想定では，脱水槽の回転中に洗濯物を取り出そうと手を入れることはほとんどないと考え，脱水槽のふたロック機構を付けなかったのかもしれません．

しかし，海外では洗濯機の使い方が日本よりも自由奔放なので，回転中でも脱水槽に手を突っ込むことが十分ありえます．そのため，回転中の脱水槽に手を入れられないようにふたロック機構が要求されたのです．ところが，このような安全機構を持たない日本製品は海外市場から締め出され，なんとシンガポールでは輸入禁止の騒ぎにまでなりました．

よく，日本製品は品質が高い，安全で高信頼だといわれますが，使い方や機械の故障までを考慮したときに，万全とはいえなかったのが全自動洗濯機の例でした．その結果，日本製の全自動洗濯機は海外市場から締め出されてしまいました．その反省から，日本メーカも国際安全規格に適合した製品開発を重視するようになりました（**図表 1.2**）．

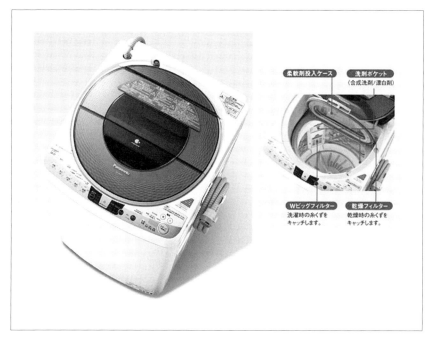

図表 1.2　海外向けの洗濯機の例
［出典：パナソニック洗濯機　総合カタログ(2013)］

1.2 安全とリスク

　日本では，家電や機械の使用者は常識的な正しい使い方をする，間違えたら使用者が悪い，という考え方があります．たとえば，クリーニングに出すべきビジネススーツを家庭用洗濯機で丸洗いするとどうなるかをほとんどの人は知っているので，実際に洗濯する人はまずいないでしょう．

　しかし，絶対に間違えない人などいませんし，何年たっても壊れない・劣化しない機械もありません．「人は間違える，機械は故障する」ことを前提に，それでも使用者が怪我をしない，安全が確保されるような機械．国際安全規格はこのような機械を求めています．

　機械類の安全性に関する国際規格 ISO 12100（対応国内規格は JIS B 9700）によると，機械の安全性を「リスク」という概念で評価して，そのリスクが「許容できるレベル」以下になるまで安全対策を考えます．

　リスクとは，事故被害の大きさと，その発生確率により決まります．複数の死傷者が生じる可能性があり，しかもその事故が頻繁に発生しうるような機械は，高リスクです．一方，ばんそうこう程度の怪我で済む，しかもそんな怪我がほとんど起こらない機械は低リスクです．

　リスクの「許容できるレベル」は，国，時代，分野などによって異なります．たとえば，英国では1844年に労働者の安全性について規制した工場法が施行されましたが，日本の工場法は1916年制定と，70年ほど遅れています．建物の耐震基準については，阪神大震災そして東日本大震災と，想定以上の規模の地震が発生するたびにその基準の引上げが行われてきました．

また，台数あたりの事故数を考えると，自動車事故は航空機や鉄道よりも事故発生確率が一桁以上悪い，リスクの高い乗り物なのです．それでもほとんどの人は自動車を利用する利益とリスクを天秤にかけて，足りないところには保険をかけて，自動車の利用を選んでいます．すなわち，交通事故のリスクを許容して，自動車を利用しているのです（**図表 1.3**）．

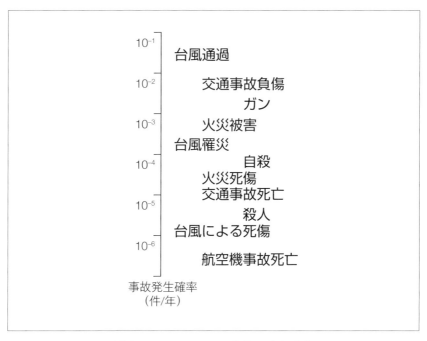

図表 1.3 いろいろな事故の発生確率

1.3 リスクアセスメント

みなさんが洗濯乾燥機を使うとき，「衣類を入れすぎるとガタガタ振動してよくない」，「ジーンズなどの色落ちする衣類を白いシャツと一緒に洗わない」などのように，好ましくない結果を予想して，その回避のための工夫をしているでしょう．

このように，機械に潜む危険を抽出して，そのリスクを分析・評価して，リスクを許容できるレベルにまで低減する対策を講じる一連の作業を「リスクアセスメント」といいます．リスクアセスメントは，安全な機械を設計するための基本的な考え方であり，必要な作業です．

図表 1.4 に，ISO 12100（JIS B 9700）のリスク評価とリスク低減の手順を示します．

機械の設計者が最初に考えるのは，その機械の使用上の条件と予見可能な誤使用についてです．洗濯機を例にとると，その大きさ，動き，回転数，モーターの出力，電圧，発熱などの仕様を確認します．さらには，機械の構造的な故障や電子回路の不調ではどのような動作をするか，使用者を危険な状況に陥れることはないかを検討します．

加えて，使用者が設計者の意図しない使い方をした場合にどうなるかを想定して，ありとあらゆる危険性を検討します．たとえば，ブレーキが劣化したらどうなるか，力の弱い子供が使うとどうなるかなどです．ただし，悪意を持った改造や，度を越えた不正な使用までは想定に含めなくてもかまいません．

第 1 章　機能安全とは

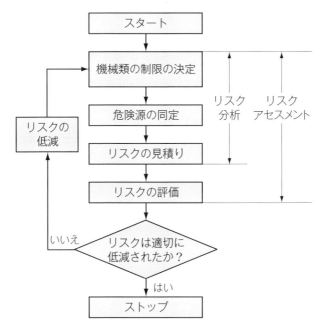

図表 1.4　リスクアセスメントの手順
(出典：JIS B 9700:2013 図 1-3，著者一部改変)

　かつて，業務用シュレッダーを家庭用に販売したとき，子供が誤って投入口に指を入れて怪我をする事故が起こりました．紙束の投入口の隙間は，大人の指が入らない程度の広さでしたが，子供の指には広すぎたのです．オフィスでの使用を想定していたため，子供が使うとは考えていなかったのです．この事故の後，家庭用シュレッダーの投入口は子供の指を考えて細くなりました．一度に投入できる枚数は少なくなりましたが，家庭での使用を考えて，効率よりも安全を重視したのです．

　次に，機械に潜む「危険源」を洗い出します．危険源とは，挟まれ，切断，巻き込まれ，感電，火傷といった，使用者が怪我をする要因そのものです．洗濯機の危険源としては，扉での挟まれ，回転ドラムでの巻き込まれ，転倒による押しつぶし，感電などが挙げられます．

危険源には機械的な受傷を与えるものだけでなく，騒音，振動，有害物質，無理な姿勢など，使用者に長期間にわたって悪影響を与えるものも含みます．また，通常使用時だけでなく，設置，移動，清掃，撤去など，いろいろな状況において現れるものすべてを列挙しなければなりません．ISO 12100 の附属書に，列挙すべき危険源の一覧が記載されています（**図表 1.5**）．

次に，それぞれの危険源について，もし事故が発生した場合にどれくらいの被害が出るかを考えます．軽傷，重傷，致命傷または死亡事故なのか，また被害者は一人だけか，複数に及ぶのかも重要です．同じ衝突事故でも，乗用車よりもバスが，バスよりも鉄道のほうが被害は大きくなります．

もう一つ，その事故の起こる確率について検討します．人が危険源に触れる機会あるいは時間が長いほど，事故の起こる確率は高くなります．ほとんど洗濯機を使わない人が洗濯機で怪我をする可能性は低く，毎日家事を担当する人ほど高くなります．一日に何度も洗濯をする大家族だと，さらに確率は上がるでしょう．また，危ない状況になっても，人がその状況を察知して回避できるならば，事故の確率は下がります．たとえば，対象機械がゆっくり動いたり，警告しながら近づいてくる場合には，人はその事故を回避できるでしょう．静かな電気自動車に，あえて模擬エンジン音をつけるのは，この理由からです．

ただし，人に期待しすぎてもいけません．前述の洗濯機の場合には，回転中の脱水槽に手を入れることは危ないと使用者は気がつくだろうと設計者は考えていました．でも現実には，急いで洗濯物を取り出したいとき，あるいは小さな子供が扱っているときには，回転中に手を入れることもありえるのです．

第1章　機能安全とは

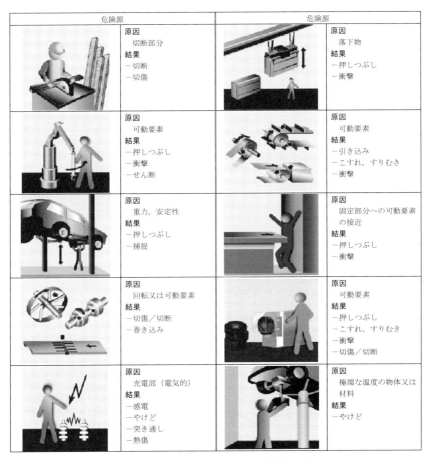

図表 1.5　国際規格が示す危険源一覧
(出典：JIS B 9700:2013 表 B.2)

　ここまで，危険源による被害の大きさとその事故の起こりうる確率から，危険源のリスクを見積もることをお話ししました．ほとんどの方は，日常生活で機械を使うときに，直感的にあるいは大まかに，危険性を見積もっていると思います．しかし機械の設計では，リスクを定量的に分析します．

この手法としてよく使われる，「イベントツリー（事象の木）」による
リスク見積方法を説明します（**図表 1.6**）．

ここでは，被害の大きさと事故の起こりうる確率から，リスクを4
段階（レベル）に分類しています．多数の死傷者を招く事故が頻繁に発
生する危険源が，最も高いリスクレベル4と見積もられています．リ
スクレベルの呼び方は，分野や参照規格によって異なります．たとえ
ば，機能安全規格 IEC 61508（対応国内規格 JIS C 0508）では，リ
スクレベルを SIL（Safety Integrity Level，シル）と呼んでいます．

そして，見積もったリスクが許容リスク以上か否かを評価して，許容
リスク以下ならば機械は安全であると判断します．しかし，リスクが許
容リスク以上であれば，リスクを低減させる安全対策が必要です．

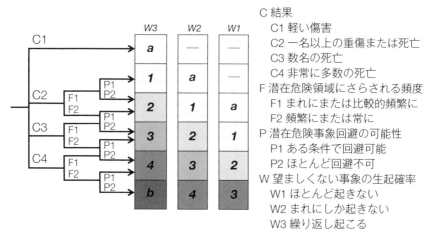

図表 1.6 イベントツリーによるリスクレベルの見積りの例
(参考：JIS C 0508-5:1999 附属書 D 図 1)

1.4 リスク低減

　機械の安全設計の手順を**図表 1.7**に示します．ここまで説明してきたリスク評価の結果，許容リスクレベルを超えていればリスク低減を行います．リスク低減とは，機械に残るリスクを許容リスク以下にするために，機械に施す安全対策です．
　リスク低減方法は，次の順番で実施することが決められています．
　　① 本質的安全設計方策
　　② 安全防護および追加の保護方策
　　③ 使用上の情報

　①の「本質的安全対策」とは，事故の要因である危険源そのものをなくす，あるいは被害が小さくなるように対策することです．たとえば，「金属端による切断」が危険源ならば金属端の角を丸めて鋭利な箇所をなくす，「挟まれ」が危険源ならば挟まれないように十分な隙間を確保する，「火傷」が危険源ならば温度を下げるなどの対策です．清掃や刃の交換作業で怪我をするならば，メンテナンスフリーにして危険な作業をなくしてしまうのも，本質的安全対策の一つです．本質的安全対策は，リスクの根源である危険そのものをなくしてしまうので効果は絶大です．そのため，リスク低減の最初に検討すべき対策とされています．
　②は，主に機械を囲む防護柵（ガード）と非常停止手段の設置です．稼働中の機械に人の身体が接触すると，事故が起こります．機械安全における安全対策の基本方針は，人が危険な領域に入れないようにする「隔離の原則」と，人が危険な状況になったときに機械を停止する「停止の原則」の二つです．具体的には，機械をガードやフェンスで囲う，人が扉を開けると機械が止まるインタロックを備える，あるいは非常停

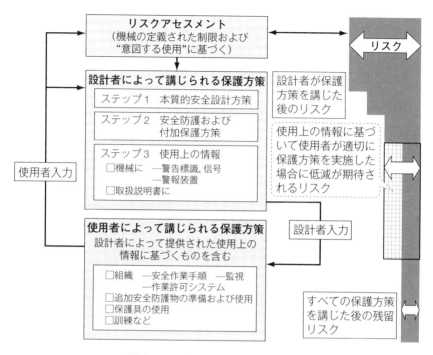

図表 1.7 機械の安全設計の手順
（出典：JIS B 9700:2013 図 2，著者一部改変）

止スイッチを設置するなどの対策です．

　それでも残っているリスクが許容できないときには，機械に標識や警告を表示する，マニュアルに使用者に対する指示や注意を記載するなどの措置を講じます．これが③です．洗濯機本体の目立つところでの表示や，取扱説明書の冒頭にある注意書き（使用上の注意）が，これにあたります．このような措置は，①，そして②を施して，なおも残ったリスクに対して行います．最初から使用上の注意に逃げてはいけません．

　①から③のリスク低減方法は，鉄道と車道が交わる踏切に例えることができます（**図表 1.8**）．鉄道と車道が交わる踏切では，列車と自動車が衝突する事故の可能性があります．ここでの本質的安全対策（①）

は，鉄道と車道を完全に分離した立体交差にして，踏切自体をなくしてしまう考え方です．当然ながら，踏切事故は本質的になくなります．

立体交差化が難しければ，鉄道の信号システムと連動した遮断機を設置して，列車が走行しているときは自動車が踏切に入れないようにします（②）．さらに，警報機を設置して自動車に対して光と音による警告を発します（③）．こうして，危険源のリスクが許容できるレベル以下になったときに，「機械は安全である」とみなすことができます．

ここまで読んで，リスクがゼロになるまで対策しないのか？と疑問に思われた方がいると思います．実は，国際安全規格は「リスクゼロ」を求めてはいません．

十分な対策を施しても機械に残るリスクを「残留リスク」といいます．どんなにがんばっても，電源ケーブルにつまずく，使用者がよろけて機械にぶつかる，洗濯機の扉に頭をぶつけるなど，まさかの軽微な事故は防げません．これらは，社会通念的にも許容リスク以下と考えられるので，特に対策を講じる必要はありません．

図表 1.8 立体交差と踏切の例（手前に踏切，奥に鉄道の立体交差）
（著者撮影）

1.5 洗濯機の安全対策

それでは，1.1で述べた全自動洗濯機の回転中の脱水槽に潜む危険源について，安全対策を考えてみましょう．この場合の危険源は，回転する脱水槽への巻き込まれです．

脱水槽を回転させることなく，あるいはごく低回転で脱水することは原理的に困難です．洗濯物をローラーで絞ると，新たな巻き込まれの危険が生まれます．いっそ脱水しないで洗濯物を温風乾燥するとしても時間がかかりすぎます．したがって，脱水槽を回転させないという本質的安全対策（1.4の①）は困難です．となると，隔離の原則および停止の原則により，回転中はふたを開けない，ふたを開けると回転を止めるという追加の保護方策（②）を考えることになります．

ふたを開けると回転を止める方法は，前述で業界団体が危険を呼びかけているこれまでの方法です．すなわち，ふたが開くと電源が切れるスイッチを取り付けて，ふたを開けると脱水槽のモーターの電源を切ると同時にブレーキをかける方法です．しかしこの方法では，ブレーキの劣化により，ふたを開けても脱水槽がすぐには止まらない状況が起こりえます．よって，内部の見える中ふたを設けて，脱水槽が回っていると使用者が中ふたを開けないようにする，脱水槽に手を入れられるまでに時間がかかるようにします．

ここで，もう一つの方法を紹介しましょう．それは，中ふたを機械的にロックして，脱水槽の回転がゆっくりと十分に安全な回転数以下になった段階で，中ふたのロックを解除する方法です（**図表1.9**）．この方法は，回転が止まるまで中ふた自体が開かないので，脱水槽の中には手を入れることができません．つまり，中ふたのロック機構が壊れない限

り，安全性が保証されるのです．そして，前者の摩擦力で回転を止めるブレーキはだんだんすり減っていきますが，後者の金属棒（ロックピン）による電気ロック装置のほうが，長年使っても劣化しにくいことは間違いありません．

　二つの方法のうち，より安全なのは後者，すなわち回転が止まるまでふたをロックする方法です．しかしこの方法には，脱水槽の回転数を計測するセンサと，ふたの電気ロック機構と，回転数からロックの施錠または解錠の指令を出す制御部が必要になります．

　では次に，これらの部品が構成する安全制御について説明します．

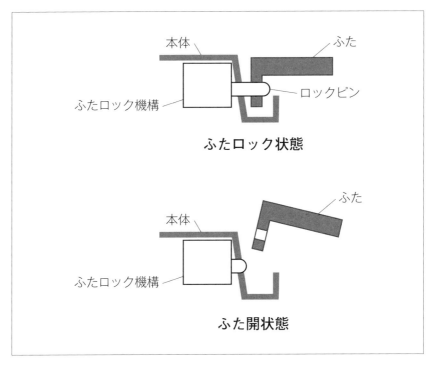

図表 1.9　脱水槽のふたのロック機構

1.6 機能安全とは

　スマートフォンやカーナビは，パソコンと同じようにマイクロプロセッサがソフトウェアを実行して画面表示や通信を行っていることを，本書の読者ならご存じだと思います．

　同じように，デジタルテレビとリモコンなど，身の周りの多くの機械はマイクロプロセッサとソフトウェアで，その機能を実現しています．特に，画面表示などの複雑な処理ではなく，ある目的に沿ってモノを動かすための小型マイクロプロセッサをマイクロコントローラ，略して「マイコン」と呼んでいます．

　「制御」とは，モノを意図したように動かすことで，思うように動かないと制御不能となります．制御を行うには，対象の動作を監視して，思うように動かすために可動部（アクチュエータ）を適切なだけ動かします．この一連の処理を担当するのが制御回路であり，最近はマイコンとソフトウェアを用いたマイコン制御が一般的です．そして，「安全制御」とは，安全に関する処理を制御することを意味します．

　では，脱水槽の「ふたロック機構」について，詳しく見ていきましょう（**図表 1.10**）．一般的な方式は，脱水槽のふた，または中ふたに電磁石で動作するピンによるロック機構が備え付けられています．脱水中は，回転センサが脱水槽の回転を検知して，ふたが開かないようにピンを動かしてふたをロックします．回転が止まると，ピンを動かしてロックを解除するので，ふたを開けられます．

　つまり，脱水槽が止まっているときだけ，ふたを開けることができるような安全制御を備えています．それにより，回転中の脱水槽に手を入れることのできない安全性が確保されています．

第 1 章　機能安全とは　　　　　　　　　　　　　　27

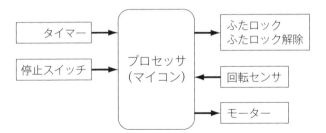

「停止スイッチ」が押されると，モーターの減速が始まります．
「回転センサ」などにより安全な状態を確認すると，
ドアロックが解除されます．

図表 1.10　洗濯機のふたロック制御の方式

　このように，安全制御により安全性を確保する方法を「機能安全」と呼びます．危険源そのものをなくしてしまう「本質的安全」や，故障したときに安全が保たれるように壊れる「フェールセーフ」とは異なり，安全制御がもたらす機能により，能動的に安全を確保します．

　かつて，安全制御の実現には，できる限りシンプルな回路やスイッチが使用されていました．洗濯機のふたを開けると，ふたによって押されていたスイッチが開いてスイッチ接点に流れていた電流が切れ，そのスイッチにつながっていたモーターの電流も切れる，というふうにシンプルな構成と動作になっていました．やや複雑な機能も，スイッチ類の組合せによる回路によって実現されていました．

　これは，安全制御回路が故障しにくいように，故障してもフェールセーフに動くように回路を構成したいからです．当時は，安全制御回路に複雑な電子制御回路や，マイコンやソフトウェアを適用することにはためらいがありました．人の生命を託すには，マイコンやソフトウェアの信頼性が不足していると考えられていたからです．

しかし，安全制御が高機能化して安全回路が複雑になると，マイコンやソフトウェアによる安全制御が作れないか，安全制御に十分な信頼性を達成できないかという要望が強くなってきました．この要望を受けて，1999 年，マイコンやソフトウェアの安全制御への適用のための国際規格である IEC 61508（後に対応国内規格として JIS C 0508）が発行されました（**図表 1.11**）．

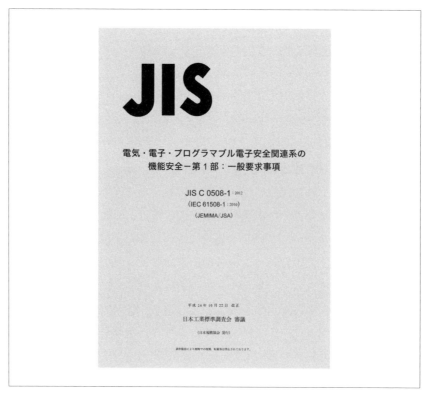

図表 1.11 JIS C 0508 機能安全規格（表紙）

1.7 機能安全規格 IEC 61508

　機能安全規格 IEC 61508 によると，機能安全とは，「制御対象と制御系の全体に関する安全のうち，電気・電子・プログラマブル電子安全関連系，他リスク軽減措置の正常な機能に依存する部分」と定義されています．

　IEC 61508 は，次の七つのパートから構成されています．

　　Part 1：一般要求事項（マネジメントと文書化の規定）
　　Part 2：ハードウェア要求事項
　　Part 3：ソフトウェア要求事項
　　Part 4：用語の定義及び略語
　　Part 5：安全度水準決定方法の事例
　　Part 6：Part 2 及び Part 3 の適用指針
　　Part 7：技術及び手法の概観

　機能安全はマイコンやソフトウェアに限った技術ではないし，Part 2 にはハードウェアの多重化や診断機能，故障率に関する要求が規定されています．ソフトウェアを用いない電気回路や専用の集積回路（ASIC）による安全制御系も，規格の対象範囲に含んでいます．とはいえ，一般的にはマイコンやソフトウェアを用いた安全制御技術だと理解されていることが多いようです．

　本書でも，機能安全を「マイコンやソフトウェアによる安全制御技術」という意味で用いることにします．

IEC 61508 は，マイコンとソフトウェアを用いて安全システムを組むための初めての標準規格であり，しかもかなり実際的・詳細な内容であったため，産業界はすぐに製品への適用を図りました．自動車，エレベーター，鉄道，家電，ロボット，工場などのさまざまな分野において，IEC 61508 を参考にした機能安全規格が策定されました．数多いIEC 規格の中でも IEC 61508 は多くの注目を集めているといえるでしょう（図表 1.12）．

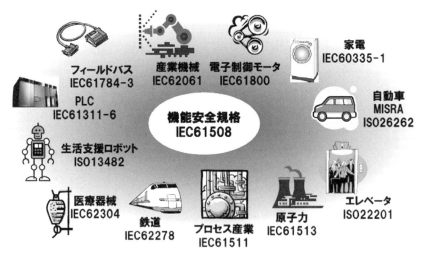

図表 1.12　いろいろな分野における機能安全規格

ハードウェア，ソフトウェア関連技術の進化は目覚ましく，それらの技術を反映するために，IEC 61508 は，2010 年に第 2 版に改訂されました．そして執筆時現在も，第 3 版の検討が進んでいます．それだけでなく，ヒューマンファクタと機能安全，ソフトウェアの使用実績による安全性証明，そしてサイバーセキュリティとの連携などの新たな標準化が進行中です．

第 1 章 機能安全とは

よく「機能安全は難しい，特に開発プロセスの要求への対応が容易ではない」との相談を受けます．確かに，ソフトウェアの安全性の担保は，ソフトウェア開発プロセスをしっかりおさえることが基本です．また，安全関連部の品質は，一般制御部よりも念入りに管理されるべきでしょう．このような理由から，機能安全は難しいと尻込みする方が多いようです．

図表 1.13 に，機能安全関連ソフトウェアの開発プロセスを示します．確かに，「ソフトウェア安全要求仕様書」や「安全妥当性確認」など，通常の開発では目にしない用語があります．しかし，この開発プロセスは一般的なソフトウェア開発プロセスと大きく異なってはいません．通常の開発でも，品質保証部門による製品安全の確認は行っているはずです．要は，言葉の読み替えです．規格の細かな要求をどのように規則・基準として展開するか（テーラリング）の課題はありますが，大局的には既存のソフトウェア開発規定および品質管理規定を拡張することで対応可能です．

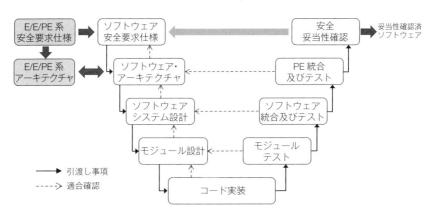

図表 1.13 機能安全関連ソフトウェア開発プロセス
（出典：JIS C 0508-3:2014 図 6，著者一部改変）

第 1 章のまとめ

　私たちの身の周りの機械や電気器具は，安全であることがあたりまえです．安全な機械であることを機械の設計者が保証するためには，製品のリスクアセスメントを行い，想定できる範囲での故障や誤使用があっても安全であるような設計が必要です．

　機械の安全対策には，危険源をなくす「本質的安全」，壊れても安全である「フェールセーフ」，そして安全制御により機械を安全な状態にする「機能安全」があります．

　IEC 61508 の制定により，マイコンやソフトウェアによる安全制御が可能になったことから，現在，安全技術はいろいろな分野と製品で使われるようになっています．そして，機能安全を導入することで，製品の安全性が向上するだけでなく，その性能や品質，効率までも向上することがわかってきました．

　第 2 章からは，いろいろな分野における実際の機能安全の事例とその効果についてお話ししていきます．

第2章

家電と機能安全

2.1 家電における電子制御

いまや芸能人が家電について熱く語るほどに，最新の家電は面白い機能を備えています．パソコンやスマートフォン，テレビなどの映像情報家電と比べるといささか地味な白物家電ですが，日常生活でのお役立ち度では引けをとりません．そして機能性だけでなく，白物家電の省エネ，静音，操作性などは着実に進歩しています．

たとえば，操作パネル（**図表 2.1**）．多くの家電の操作パネルには液晶ディスプレイがついていて，数個のスイッチ操作だけでいろいろな設定や機能を選べるようになっています．操作に対応してメニュー表示を切り替え，前回の設定を学習することで，スイッチや操作回数を減らしてユーザの操作性も向上させています．もちろん，この操作パネルの画面やメニュー表示を動かしているのは，マイコンとソフトウェアです．

操作パネルだけでなく，調理や空調設備といった白物家電の主たる機能にもマイコンやソフトウェアが導入されています．かつては電子制御と呼ばれていたアナログ方式によるヒーターやモーターの制御は，マイコンによるデジタル制御方式に代わりました．流行りのAI（人工知能）も，人間のような高度な知的情報処理をマイコンとソフトウェアにより実現したものです．

さらに，信頼性が要求される安全機能にも，ソフトウェアが導入されるようになりました．白物家電には，火傷や火災，感電，挟まれなどの怪我の可能性があるため，事故を防ぐための温度異常検知，過電流検知およびインタロックなどの安全制御が必要です．

第 2 章 家電と機能安全

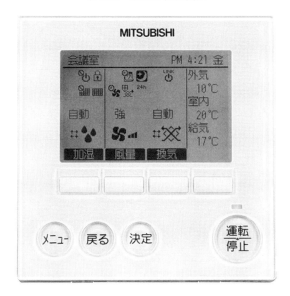

図表 2.1 空調機の操作パネル
(出典:三菱電機ホームページ)

　家電の安全機能のソフトウェア化は意外と古く，機能安全規格 IEC 61508 が制定される以前の 1980 年頃から製品に搭載されていました．家電製品としての安全性は，IEC 60335（JIS C 9335）が規定しており，その規格にしたがって安全性評価していました．機能安全技術の有無に関係なく，IEC 60335 の要求する安全性を満足していればよかったのです．

　いまではソフトウェアが家電の安全の役割を担う場合には，そのソフトウェアが備えるべき機能と開発手法への要求が，IEC 60335-1（JIS C 9335-1）の附属書 R として記載されています．この規格の制定により，家電への機能安全の導入は，今後さらに加速していくことでしょう．

2.2 洗濯乾燥機の機能安全

ここからは，家電における機能安全の事例を紹介しましょう．

洗濯機の脱水槽の回転中に扉が開かないようにロックする機能が機能安全であることを，第1章で説明しました．本章では，現在の主流であるドラム型洗濯乾燥機について見ていきます（**図表 2.2**，**図表 2.3**）．

ドラム型洗濯乾燥機は，1956 年に国産第 1 号（東芝）が発売されていますが，当時は二槽式洗濯機に比べて約 4 倍高価であり，振動や騒音も満足できるレベルではありませんでした．その後，モーターと脱水槽をつなぐベルトのいらないダイレクトドライブモーター，モーターの回転を細かく制御するインバータ技術の導入により，振動と騒音が画期的に改善され，2000 年頃から一気に普及が進みました．

タテ型洗濯機は，脱水回転中の脱水層に手指が巻き込まれないように，脱水槽のふたをロックする機構を持っていました．一方，ドラム型洗濯乾燥機は，洗濯中に不意に扉を開けるとドラム内の水がこぼれてしまうので，脱水中だけでなく，洗濯中や乾燥中でも扉をロックします．

ドラム型洗濯乾燥機では「スタート」ボタンを押すと扉がロックされ，「停止」ボタンを押してドラム回転が止まると，扉ロックが解除されて扉を開けることができます．ロック機構の基本的な動作と原理は，第 1 章のタテ型洗濯機と同様です．

第 2 章　家電と機能安全

図表 2.2　ドラム型洗濯乾燥機
（出典：Panasonic ホームページ）

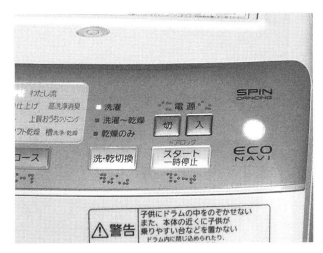

図表 2.3　ドラム型洗濯乾燥機の操作パネル
（著者撮影）

特徴的なのは，乾燥中の扉ロックです．乾燥中のドラム内は約100℃の熱風が吹く高温状態なので，ドラムの回転が止まってすぐに扉を開けると，火傷の危険性があります．したがって，「停止」ボタンが押されると，ドラム内の冷却運転を始めます．ドラム内の温度が55℃まで下がると温度センサにより扉ロックを解除して，洗濯物を取り出せるようになります．すなわち，乾燥中に洗濯物を取り出そうとしたり，乾燥の具合を確認しようとしても，ドラム内の温度が下がるまで待たなければならないのです．

図表2.4は，洗濯乾燥機の機能安全システム構成例です．タテ型洗濯機では，脱水槽の回転数だけをみてふたロック解除を判断していましたが，今度はドラム内温度も測定し，ロック解除の可否を判断しています．つまり，ドラム型洗濯乾燥機は，タテ型洗濯機よりも高度な機能安全を実現しています．

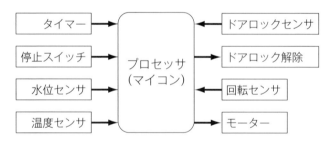

「停止スイッチ」が押されると，モーターの減速が始まります．
「回転センサ」などにより安全な状態を確認すると，
ドアロックが解除されます．
乾燥中の場合，高温なら冷却運転を開始し，温度が下がれば
ドアロックを解除してドアを開けられます．

図表2.4　洗濯乾燥機の機能安全システム構成

2.3 安全と省エネ

　ドラム内が高温のうちは扉ロックがかかり洗濯物を取り出せないというのは，安全的には正しいのですが，ユーザとしては，すぐに洗濯物が取り出せないので不便です．乾燥中でも，冷却を待つことなく洗濯物を取り出せるようにするにはどうすればよいでしょうか．
　そもそもドラム内の乾燥温度が火傷するかもしれないくらい高温であることが原因なのですから，乾燥温度すなわちドラム内への温風の温度を下げれば，冷却時間を短く，あるいはなくすことができるでしょう．これは，火傷の危険源となる高温部をなくす「本質的安全」の考え方と同じです．
　最新のドラム型洗濯乾燥機は，冷却乾燥機能を備えてやや低めの約70°Cの温風で乾燥します．このため，停止スイッチ後の冷却運転は不要で，乾燥中いつでも洗濯物を取り出すことができます．この低温乾燥を実現するために，小型のヒートポンプを搭載しています．
　ヒートポンプは，冷媒を熱交換器の間に循環させて，冷媒の気化熱を利用して冷却および加熱する，空調機や冷蔵庫と同じ原理です．冷媒が気化するときに周辺の熱を「汲み上げる」効果を利用するので，電気を熱に直接変換するよりも少ないエネルギーで，熱を得ることができます．
　このヒートポンプを小型化して洗濯乾燥機に搭載したことで，従来の電熱ヒーター方式に比べて，消費電力を3分の1にすることができました．また，従来は湿った温風を結露させるために冷却水が必要でしたが，それも不要になりました．さらに，低温乾燥は，衣類の縮みが少ない，しわがつきにくいなどの利点もあります（**図表 2.5**）．

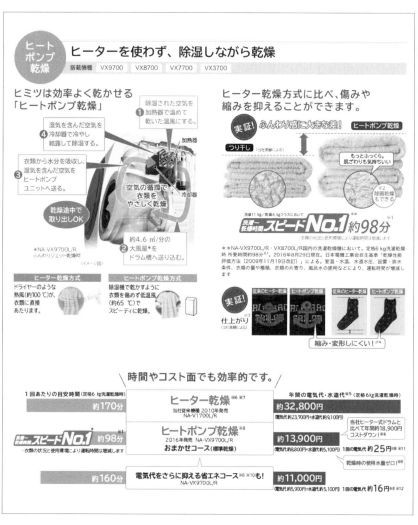

図表 2.5　洗濯乾燥機の低温乾燥と省エネ効果
(出典：Panasonic ホームページ)

機械の危険源は，温度が高い，電圧が高い，高速移動あるいは重量物であるなど，それ自体がエネルギーを持っています．そのエネルギーが大きいほど，人とぶつかったときに重傷となります．本質的安全は，危険源のエネルギーを怪我しない程度以下に小さくすることですから，危険源の温度を下げる，電圧を下げる，速度を下げるあるいは軽量化を行います．

　すなわち，本質的安全にすれば危険源の持つエネルギーは低減されるので，結果的にエネルギー消費が抑えられます．そう，安全にすると省エネになるのです．

2.4 蒸気レス炊飯器

　いま，外国人に爆買いされている人気の家電製品の一つが炊飯器です．炊飯器は，日本製品らしいこだわりの高機能化，高付加価値化の著しい白物家電です．

　「はじめチョロチョロ，中パッパ，じゅうじゅう吹くころ火を引いて，赤子泣いても蓋(ふた)とるな，そこへばばさま飛んできて，藁(わら)しべ一束くべたとさ」．昔から，このような火加減でごはんを炊くとおいしいといわれています．炊き始めは弱火でお米に水分を吸収させて，中盤は強火でお米を対流させながら沸騰させます．火を止めても蓋をとらずに蒸らし，最後に火を入れて余分な水分を飛ばすという意味です．この火加減の調整のために，電子制御やマイコン機能が炊飯器に導入されてきました．

　かまど炊きのようなふっくらおいしいごはんを炊き上げるには，「はじめチョロチョロ」の火加減の調整と，「中パッパ」の大火力が必要です．かまどと羽釜(はがま)（**図表 2.6**）は，途中で吹きこぼれがあっても火力を弱めることなく「中パッパ」できますが，炊飯器は吹きこぼれ防止のために，ときどき火力を弱めなければいけません．

　1990年頃から，電流を細かく制御できるインバータが導入されるようになりました．従来方式は，ヒーターへの電流の量を調整することで欲しい熱量を得ていましたが，インバータは電流をパルス列に変換して，そのパルスの間隔で熱量を細かく調整します（**図表 2.7**）．パルスが密になるほど，火力が強くなります．火力の急な立上げや微調整に向いていることから，炊飯器への導入が進みました．

図表 2.6 かまどと羽釜
(出典：三菱電機ホームページ)

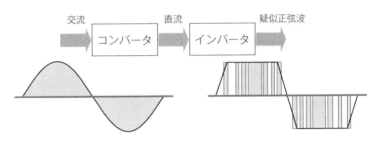

図表 2.7 インバータの原理

　また，釜を部分的にしか加熱できない電熱ヒーターから，釜全体を加熱するIH（誘導加熱）方式の採用も進んでいます．IHの原理については，次のIHクッキングヒーターの事例で説明します．

　さて，炊飯器の安全性について考えてみましょう．炊飯器には，感電および漏電を除けば，炊飯時の吹きこぼれ，噴き出す蒸気による火傷の危険性があります．

吹きこぼれを回避するには,「中パッパ」の時点でときどき火力を弱めて,吹きこぼれないように制御することが一般的です（間欠沸騰）.しかし,火力を弱めたときはお米の対流が止まるので,炊き上がりのふっくら感が弱くなります.そこで,吹きこぼれしないで連続沸騰するように微妙な火力調整することで,かまど炊きのように対流を持続してうまみを引き出すことができます（**図表 2.8**）.

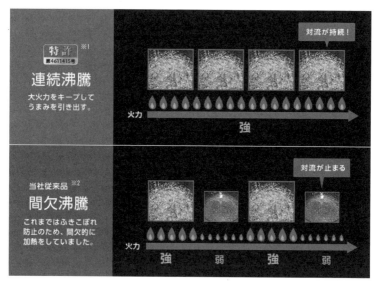

図表 2.8 連続沸騰と間欠沸騰
(出典：三菱電機ホームページ)

もう一つの,炊飯中に蒸気を出さない,放出していた蒸気を炊飯器内で冷却回収する対策も,本質的安全の事例です.吹きこぼれそうなごはんのうまみと蒸気をカートリッジで分離して,うまみはご飯に戻して蒸気だけを冷却水にくぐらせて水に戻します.水タンクで蒸気を消しながら吹きこぼれを抑制して,沸騰後も強火を継続する連続沸騰により,かまど炊きのような炊き上がりを実現しています（**図表 2.9**）.

第 2 章　家電と機能安全　　　　　　　　　　　　　45

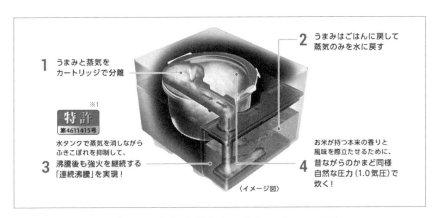

図表 2.9　蒸気密封うまみ炊きのイメージ図
(出典：三菱電機ホームページ)

　安全性のために吹きこぼれを回避するだけでなく，おいしさを追求して，蒸気やうまみを逃がさず，そのために大火力と繊細な制御を実現しているのが，最新の炊飯器です．家電は安全でおいしくなるのです．

　最近では，お米の銘柄や季節，そして献立に合わせて炊飯プログラムを選ぶことができます（**図表 2.10**，**図表 2.11**）．たとえば，銘柄選択機能では，全国のブランド米数十品種の個性を引き出して，おいしく炊き分けることができます．カレーやどんぶり，寿司飯などのメニューに合わせて，もちもち加減やかたさを選ぶこともできます．さらに，季節によって変化するお米の水分を考慮して炊き分けることもできます．収穫後で水分多めの秋冬のお米は加熱を短めに，収穫から時間が経ち乾燥気味の春夏のお米は加熱を念入りにします．

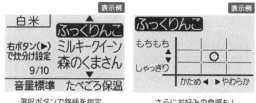

図表 2.10　銘柄芳潤炊き
（出典：三菱電機ホームページ）

図表 2.11　炊き分け名人の表示
（出典：三菱電機ホームページ）

2.5 IHクッキングヒーター

次は，普及が進んでいるキッチンのIHクッキングヒーターについて見てみましょう（**図表 2.12**）．

IHクッキングヒーターとは，火や電熱を使わずに，電磁波により金属鍋自体が発熱するヒーターです．IHクッキングヒーターの内側にはコイルが埋め込まれていて，コイルに電流を通すことで強力な電磁波を発生させます．その電磁波が，直接つながっていない金属鍋底に誘導電流を発生させて，鍋底が誘導電流により発熱します．

誘導電流とは，磁界の中で金属を動かすと電流が発生する現象です．そのため，誘導電流が発生しない素材で作られたアルミ鍋や土鍋は，IHクッキングヒーターでは使用できません（**図表 2.13**）．

図表 2.12 IHクッキングヒーターの例
（出典：三菱電機ホームページ）

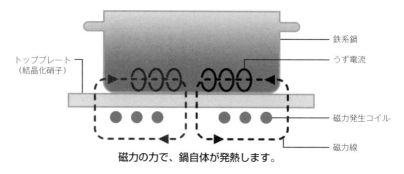

図表 2.13　IH クッキングヒーターの原理
(出典：三菱電機ホームページ)

　最近では，火災の危険性が低い，清掃が容易などの理由から，ガスコンロを IH クッキングヒーターに置き換える家庭が増えています．IH クッキングヒーターは炎がないから安全ですが，反対に，間違った使い方をしていることに気付きにくいという問題があります．そのため，間違った使い方や異常を検知して加熱をやめる安全機能が必要です．

　IH クッキングヒーターは，以下のような安全機能を備えています．
- 空焼き自動停止機能：空焚きなどで鍋が過度に高温になったときに，加熱を停止します．温度異常を検知して，電磁波を発生させるコイルへの通電を遮断します．
- 鍋なし自動停止機能：鍋が乗っていない，あるいは加熱できない鍋（アルミ鍋や土鍋）の場合，ランプなどで通知するとともにコイルへの通電を遮断します．
- 小物検知機能：ナイフやフォークなどの小物をうっかり乗せても，それを検知して加熱を防ぎます．
- 鍋底曲がり検知機能：鍋底が大きく曲がっていると加熱ムラや温度異常になるので，鍋底の温度分布を計測して曲がりを検知します．

これらの安全機能は，IHクッキングヒーターに乗っている鍋底の温度を測定して，加熱しているにもかかわらず温度が上昇しない，あるいは過度の高温を検知して，コイル通電を遮断して加熱を中止します．

　中でも，小物検知機能と鍋底曲がり検知は，一つの温度センサだけでは検知できません．ヒーター面に複数の温度センサを配置して，ヒーター面が部分的にしか温度上昇していなければ，ヒーター面上に小物や曲がりがあると判断できます．この判断は，複数の温度センサの差異を計算することにより可能であって，簡単な回路では構成できません．このように高度で複雑な安全機能は，ソフトウェアを含む機能安全によって実現できるものです．

　さて，小物や曲がりの検出ができるということは，ヒーター面上の鍋の形状を検知することもできるということです．

　たとえば，ヒーター面の中心付近だけが均等に温度上昇するならば，乗っているのは小型のミルクパンでしょうし，両サイドだけ温度上昇しないのなら，タテ型の玉子焼き器であるとわかります．鍋の形状がわかれば，鍋が乗っていないコイルにムダな電流を流さずに済むので，火力に関係なく省エネにできます．**図表 2.14** のぴったり加熱では，一般的な使用条件において三菱電機従来比3％の省エネが達成できました．

　さらに，IHクッキングヒーターを構成する複数のコイルへの通電を細かく制御できれば，火加減にこだわった調理が可能となります．従来のIHクッキングヒーターは，鍋底が接していないフライパンの鍋肌への加熱は苦手でした．しかし，外側コイルへの電流を増やせば，炒め物や焼き物に適した鍋肌までしっかり加熱することができます．フライパン全体が加熱できるので，ホットケーキなどの焼きムラを抑えることもできます．また，温度センサが鍋底温度を測定しているので，予熱完了もIHクッキングヒーターが教えてくれます（**図表 2.15**，**図表 2.16**）．

鍋のサイズに合わせて省エネ調理 ぴったり加熱

玉子焼き器も、オーバル鍋も。
サイズに合わせて、分割エリアごとに加熱できます。

〈びっくリングコイルP〉は、玉子焼き器などはタテ方向の加熱、ミルクパンなどは中央のスポット加熱、オーバル鍋などはヨコ方向の加熱と、鍋のサイズに合わせて部分加熱が簡単です。ムダを抑えて、かしこい省エネ調理を応援します。

〈スポット加熱〉ミルクパンetc.

〈ヨコ加熱〉オーバル鍋etc.

〈タテ加熱〉

図表 2.14　IHクッキングヒーターのぴったり加熱
(出典:三菱電機ホームページ)

炒め物・焼き物に大活躍のパワフル技 フライパン鍋肌加熱

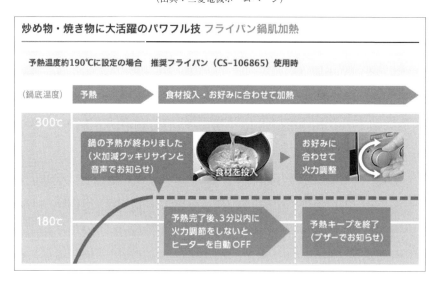

図表 2.15　IHクッキングヒーターのフライパン鍋肌加熱
(出典:三菱電機ホームページ)

第 2 章　家電と機能安全　　　　　　　　　　51

三菱IHだけ※1の進化した煮技　対流煮込み加熱＜プラス＞

先進の〈びっくリングコイルP〉が実現！
交互対流が、最適なかきまぜ効果を発揮。
だから、旨味がしっかりしみ込みます。

三菱IH独自の〈びっくリングコイルP〉は鍋底を分割加熱。自動で加熱と停止を繰り返し、かきまぜ効果のある交互対流をおこして加熱します。だから具材の一つ一つまで味をしみ込ませながら、煮くずれや焦げつきを抑制。ご家庭でも本格的な煮込み料理をどうぞ。

びっくリングコイルP

かきまぜ頻度を軽減し、煮くずれを抑制　※2

従来のIH加熱

対流煮込み加熱〈プラス〉

加熱部位を切替えて焦げつきも抑制　※2

従来のIH加熱

対流煮込み加熱〈プラス〉

図表 2.16　IHクッキングヒーターの対流煮込み加熱
(出典：三菱電機ホームページ)

　複数のコイルを制御することで，かき混ぜ効果を得ることもできます．タテヨコのコイルの加熱と停止を繰り返して，交互対流を起こしながら加熱することで，具材にしっかりと味をしみ込ませつつ，煮崩れや焦げつきを抑えることができます．しかも，三菱電機従来製品による調理方法に比べて，約40％の省エネを達成しています．

　このように，IHクッキングヒーターの安全機能のための温度センサや検知機能と，分割コイルの制御方法によって，安全性と省エネを達成し，しかもおいしい調理が実現できます．IHクッキングヒーターも，安全でおいしくできるのです．

2.6 空調機の機能安全

　空調機の安全性といっても，多くの方はピンと来ないかもしれません．というのも，空調機には挟まれたり巻き込まれたりするおそれもなく，火傷や感電の心配もほとんどないからです．空調機の安全規格にも，室外機のファンが回らなくなってモーターが過熱するなどの故障や異常についての安全要求はありますが，通常の使用方法において懸念されるような危険はありません．

　いま各社が取り組んでいる技術の一つに，新しい「冷媒」があります．冷媒とは，室内機と室外機の間を気化および液化しながら循環することで熱を移動させる，熱の運び屋です．空調機の冷媒には長らくフロンが使われていましたが，フロンがオゾン層を破壊し，地球温暖化に影響を与えることが判明したため，それに代わる新冷媒の研究開発が進んでいます．特に，R 32（アールさんじゅうに）と呼ばれる冷媒は，地球温暖化への影響が従来の冷媒に比べて約3分の1であり，冷媒としての能力も高いので，空調機への採用が進んでいます（**図表 2.17**）．

　R 32冷媒は，プロパンなどと比べて燃焼性が弱く「微燃性」と呼ばれています．空調機から室内に漏れて着火する可能性については，公益社団法人日本冷凍空調学会などが研究調査を行っています．家庭用ルームエアコンやパッケージエアコンは，漏れたとしてもその量が少ないため，着火・爆発に至る可能性はほとんどありません．しかし，店舗用あるいはビル用の大型エアコンになると，空調機が内蔵する冷媒の総量が多いため，小部屋の多いビル，たとえばカラオケルームやビジネスホテルでは着火のリスクが高くなります．

第2章　家電と機能安全

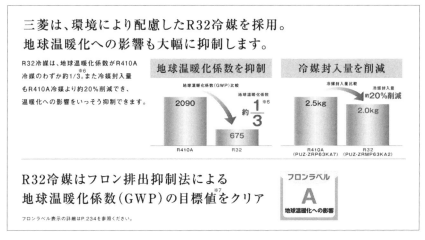

図表 2.17　R32冷媒を適用した空調機
（出典：三菱電機ホームページ）

　一般社団法人日本冷凍空調工業会は，JRA GL-13:2012「マルチ形パッケージエアコンの冷媒漏えい時の安全確保のための施設ガイドライン」を策定しました．このガイドラインによると，部屋（施設）に冷媒が漏れたときにはそれを検知して，冷媒濃度に応じて以下のいずれかまたは複数を組み合わせることが要求されています．
- 冷媒の遮断弁を閉める
- 換気を行う
- 警報を鳴らす

　冷媒漏れをセンサで検知して，これらの設備を動作させるので，機能安全の適用対象となります（**図表 2.18**）．
　新しい冷媒や材料を使う場合，その安全性については十分に評価しなければいけません．そして，新冷媒の安全性を担保する安全機能を，機能安全を適用することで実現できます．機能安全によって，空調機が環境にやさしくなるのです．

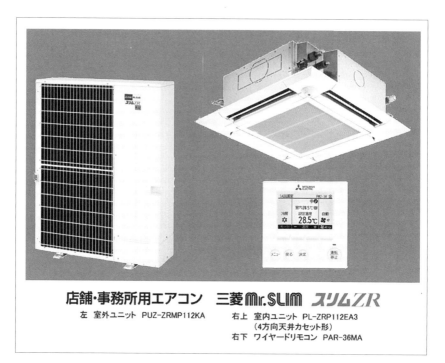

図表 2.18　JRA GL-13 に対応した空調機の例
（出典：三菱電機ホームページ）

第 2 章のまとめ

　私たちの身の周りの白物家電には，マイコンやソフトウェアで安全を担保する機能安全が導入されています．白物家電の安全規格 IEC 60335-1（JIS C 9335-1）でも，安全関連ソフトウェアの評価について言及されるようになりました．

　そして，家電に本質的安全および機能安全を導入することで，洗濯乾燥機や IH クッキングヒーターは省エネになり，炊飯器はおいしいごはんを炊けるようになり，新冷媒を採用した空調機は環境にやさしくなりました．

　もはや，生活に密着した家電が，安全，安心に使えることはあたりまえです．安全性だけでなく高機能や高付加価値を提供できるからこそ，機能安全が注目されて，製品への導入が進んでいるのです．

第3章

鉄道と機能安全

3.1 鉄道の速度と安全

　鉄道分野では，一度の事故が数十人以上の被害に及ぶため，昔から安全性について十分な研究がなされてきました．その成果は，鉄道のブレーキ，信号や列車制御などの安全機能に適用され，より安全・高速・快適になってきました．

　もちろん，この安全機能の実現には，機能安全技術が使われています．本章では，鉄道の安全技術と機能安全について振り返ってみましょう．

　地上を走る乗り物にとって，迅速かつ確実に止まることのできるブレーキは，最も基本的な安全装置です．鉄のレールと車輪からなる鉄道車両は，アスファルトとゴムタイヤの自動車に比べると，ブレーキをかけて停止するまでの制動距離がはるかに長くなります．列車が急ブレーキをかけると乗客が転倒するため，強力なブレーキをかけられない事情もあります．

　日本では，長らく在来線の制動距離は 600 m 以下にすることと鉄道運転規則に定められていました．これは，運転士が肉眼で確認できる距離が根拠だといわれています．そのため，列車は 600 m で停止できる速度までしか出すことができませんでした．在来線は時速 95 km 程度に最高速度が抑えられ，一部の特例区間の特急を除いて，時速 100 km 以上の運転はできませんでした．もちろん，新幹線はこの法令の例外です．

　しかし，ブレーキと信号技術の発達により，在来線でも高速運転をしたいとの要望が強まってきました．2002 年に従来の鉄道運転規則が廃止され，「鉄道に関する技術上の基準を定める省令の施行及びこれに伴

う国土交通省関係省令の整備等に関する省令」が新たに公布されました．これにより，路線の状況と車両性能によっては，在来線でも時速100 km以上の高速運転が可能になりました．

例えば，JR東日本の常磐線（E531系），JR西日本の東海道本線・山陽本線（新快速），JR西日本・JR四国の瀬戸大橋線・予讃線（マリンライナー）などは，在来線ながら時速130 kmで営業運転しています．京都〜大阪〜神戸を走るJR西日本の新快速の速度に驚かれた方は多いと思います（図表3.1）．

乗り物は，安全が保証された速度しか出せません．本章では，ブレーキと信号技術（保安装置）について追っていきます．

図表3.1 JR西日本 新快速（E223系）
(大阪駅，著者撮影)

3.2 機械ブレーキ（空気ブレーキ）

鉄道のブレーキは，その構造・原理によって，「機械ブレーキ」，「電気ブレーキ」とその他のブレーキに分類されます．

機械ブレーキは，車輪そのものまたは車輪に付属したディスクにブレーキシューやパッドをあてて摩擦力により減速する方法で，自転車や自動車のブレーキと同じ原理です．図表 3.2 は，車輪の接地面（踏面）にブレーキシュー（車輪の外径右側）をあてる踏面式の機械ブレーキです．

図表 3.2　踏面式機械ブレーキ
（地下鉄博物館，著者撮影）

第 3 章　鉄道と機能安全　　　　　　　　　　61

　自転車のブレーキ操作は，ブレーキレバーがワイヤを引っ張ることで，ブレーキシューがリムやディスクを挟みます．鉄道車両のブレーキ操作はワイヤではなく空気圧を使っています．このため，機械ブレーキを「空気ブレーキ」とも呼びます．

　図表 3.3 は昔の車両の運転台です．右側にある水平ハンドルレバーが機械ブレーキの操作レバーで，空気圧の計器が中央にあります．

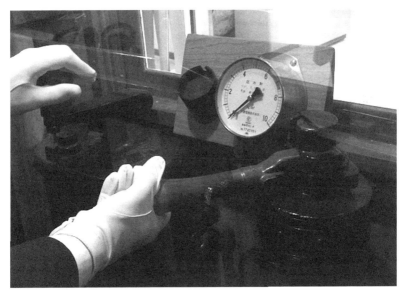

図表 3.3　旧型電車の運転台（東京高速鉄道 100 形）
（地下鉄博物館，著者撮影）

　最もシンプルな機械ブレーキは，シリンダーに高圧空気を送り込んでブレーキシューを動かす「直通空気ブレーキ」です．ブレーキ弁を操作して，シリンダーの空気を抜く（排気する）と，ブレーキが緩みます．**図表 3.4** に直通空気ブレーキの動作原理を示します．

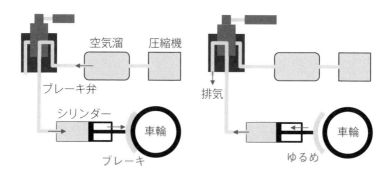

図表 3.4　直通空気ブレーキの動作原理

　直通空気ブレーキは，ブレーキ管が破損して空気漏れが起こるとブレーキが動作しなくなります．そこで，通常時はブレーキ管に空気圧をかけておいて，ブレーキ操作時には圧力を抜くことでシリンダーを動かしブレーキをかける「自動空気ブレーキ」が登場しました．ブレーキ管が破損あるいは外れても，ブレーキ管の空気圧が低下することでブレーキは動作しますから，フェールセーフとなっています．**図表 3.5** に自動空気ブレーキの動作原理を示します．

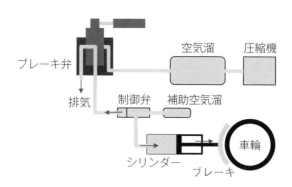

図表 3.5　自動空気ブレーキの動作原理

3.3 電気指令式空気ブレーキ

機械ブレーキは空気圧により各車両のブレーキシリンダーを動作させますから，列車の先頭から最後尾まで直通ブレーキ管が伸びていなければいけません．列車が長くなると，列車の後部では空気圧が低下してブレーキの効きが遅れてしまいます．

そこで，運転士のブレーキ操作を電気信号に変換して各車両に指示を出す「電磁直通空気ブレーキ」が開発されました．**図表 3.6** にその動作原理を示します．ブレーキ弁の直後に位置する電空制御器は，空気圧を電気信号に変換して，指令線により各車両の電磁弁に伝達します．電磁弁は中継弁を介してシリンダーを動作させます．このための空気は空気溜から直通管により各車両に提供されます．

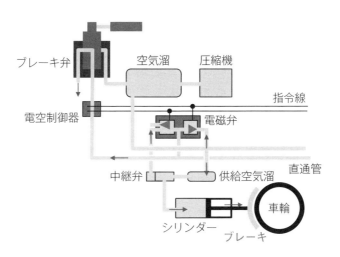

図表 3.6 電磁直通空気ブレーキの動作原理

電磁直通空気ブレーキは，国内では1954年の営団地下鉄銀座線（1400形）に初採用されました．この電磁直通ブレーキの採用により，車両数の多い編成が可能となったため，路面電車や一部のローカル私鉄を除いて広く普及しました．

ところで，電磁直通空気ブレーキはブレーキ弁の操作を電空制御器により電気信号に変換していました．運転士の操作をそのまま電気信号に変換してしまえば，ブレーキ弁も電空制御器も不要になります．

そこで登場したのが「電気指令式ブレーキ」です．その動作原理を図表3.7に示します．電磁弁およびシリンダーの動作は基本的に機械ブレーキですから，ブレーキ管による空気圧の提供は必要です．しかし，それ以外は運転台のブレーキ設定装置と指令線のみとずいぶんすっきりしました．電気式とすることで，ブレーキ制御装置は小型化し，消費する空気量も少なく省エネになりました．

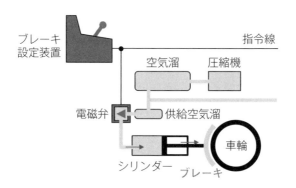

図表 3.7 電気指令式空気ブレーキの動作原理

国内で電気指令式空気ブレーキが実用化されたのは，1967年の大阪市交通局（7000形，8000形）です．大阪万国博覧会（1970年）への観客輸送のために，御堂筋線・北大阪急行電鉄，および堺筋線に投入されました．今では，編成車両数の多い主要な路線では，この電気指令式空気ブレーキが主流です．

図表 3.8　ブレーキ制御装置
（著者撮影）

3.4 電気ブレーキ（回生ブレーキ）

電気ブレーキは，電車を走らせる電動機（モーター）を利用したブレーキです．電動機を発電機として利用し，電車の運動エネルギーを電気エネルギーに変換することで減速します．

電気ブレーキには，発電した電気を熱として捨ててしまう「発電ブレーキ」と，発電した電力を架線から送電する「回生ブレーキ」があります．ハイブリッド自動車の回生ブレーキは発電した電力をバッテリに戻しますが，基本的にはこれと同じ原理です（**図表 3.9**）．

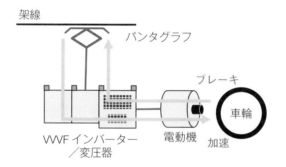

図表 3.9 電気ブレーキの動作原理
（VVVF インバーターの場合）

読者の皆さんには，VVVF（ブイブイブイエフまたはスリーブイエフ）インバーター装置（**図表 3.10**）がピンとこないと思います．

家電の IH では，欲しい火力を得るために直流または交流変換をしていました．鉄道分野の VVVF インバーターは，電動機を欲しい速度とトルクで動かすために，電圧と周波数を細かく制御します．VVVF インバーターと電動機にも新技術が投入されて，変換効率や回生性能など

第 3 章　鉄道と機能安全　　　　　　　　　　　　　　67

図表 3.10　VVVF インバーター装置
(著者撮影)

が著しく向上しています（**図表 3.11**）．

　回生ブレーキとして動作する場合，VVVF が電動機の生成した交流電力を直流に変換し，変圧器が架線に流すことのできる電圧に変圧します（交流電車は違います）．

　とはいえ，電車はいつでも回生電力を架線に送電できるわけではありません．架線側の電圧が低くなければ電車から架線に電気を送れませんし，また電気を使ってくれる加速中の電車がいないとムダになります．最近の研究では，各電車の位置や状況を把握し，どの程度の電力融通が発生するかを予測して，変電所の電圧を制御します．これにより，発生した回生電力をムダなく利用できます．回生できずに捨てられていた電力の 80％を有効活用できると見込まれています（三菱電機『注目の研究・技術』より）．

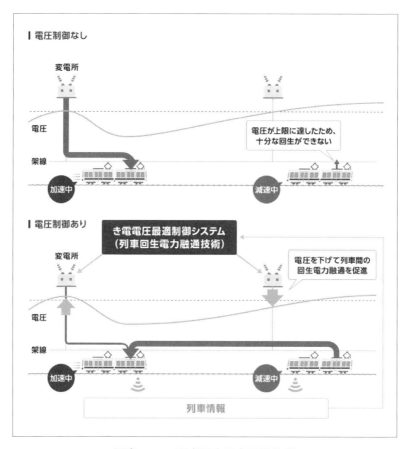

図表 3.11　列車回生電力融通技術
(出典:三菱電機ホームページ)

3.5 ブレーキのまとめ

　ここまで，機械ブレーキと電気ブレーキについて説明してきました．電気ブレーキは，列車の速度が遅くなると発電量が少なくなりブレーキの利きが悪くなります．列車が止まる寸前や停車中には，機械ブレーキを使用します．

　では，運転士は二つのブレーキの使い分けをしているのでしょうか．図表 3.12 のようなワンハンドマスコンでは，一つのレバーに加速と減速操作が統合されていますから，そのようなブレーキの使い分け操作はできません．

　したがって，電気ブレーキは電気指令式空気ブレーキと統合して，速度や状況に応じて，自動的に電気／機械（空気）ブレーキを使い分ける

図表 3.12　最近の電車の運転台
（地下鉄博物館，著者撮影）

機能が必要となります．これを「電空協調制御」と呼んでいます．

電車の編成には電気ブレーキのある動力車と，機械ブレーキしかない付随車があります．ブレーキシューの摩耗防止と省エネの観点から電気ブレーキを優先的に使いたいのですが，各車両に均一にブレーキを利かせないと連結部で「中折れ」しかねません．電空協調制御はこのような問題にも対応しています．

その他のブレーキとしては，高速鉄道において空気抵抗により減速する空力ブレーキ，通称「ネコミミ」があります（**図表 3.13**）．東北新幹線の試験車両 FASTECH 360S（新幹線 E954 形電車）に導入されて，評価試験を行いました．現状速度では効果が少ないことと，既存の電気ブレーキと機械ブレーキの改良により目標制動距離を達成できたことから，営業車両では搭載が見送られました．

図表 3.13 FASTEC 360 の空力ブレーキ
(CC-BY-SA 3.0, Rsa at Japanese Wikipedia)

鉄道の機械ブレーキは，最初は空気圧によりシリンダーを動作させてブレーキシューで車輪を止める，シンプルな構造でした．その後，長編成列車のブレーキ遅延を改善するために電気指令式となります．また，発動機をブレーキとして使うことで，ブレーキシューの摩耗が減り，回生電力を再利用することで省エネにもなります．しかし，そのためには電気／機械ブレーキを協調制御する新しい安全機能が必要となりました．

鉄道のブレーキ技術の進歩は，鉄道の最高速度の向上だけでなく，輸送力の向上や省エネにも貢献しているのです．

3.6 閉そくと信号

　鉄道は決まった線路しか走れませんから，先行列車にぶつかりそうになっても，ハンドルで隣の線路に逃げることはできません．また，急ブレーキをかけても長い制動距離が必要です．単線区間や駅構内では，列車が正面衝突するおそれもあります．

　このような衝突や追突が起こらないように，鉄道では決まった区間にひとつの列車だけが存在するようにしています．この区間を「閉そく（閉塞）区間」といいます．閉そく区間は，駅の手前や駅構内では短く，速度の出る区間では長く設定されています．

　一つの閉そく区間に一つしか列車が入れないようにするために，信号があります．鉄道の信号は「進め」，「止まれ」ではなく，基本的に列車の速度制限を示しています．ですので，その路線の制限速度の種類によって，信号の灯火数も三灯式や五灯式といろいろな種類があります．運転士は信号の示す速度（現示速度）を守って列車を走らせます．

　先行列車が遅れて後続列車が追いつきそうな場合の，閉そくと信号の関係を**図表 3.14**に示します．一つの閉そく区間に列車は一つですから，後続列車に対しては，閉そくに進入しないように停止信号を出します．このとき，車内では「信号待ちです」のアナウンスがあるでしょう．先行列車が先の閉そく区間に進むと，後続列車も先に進むことができます．

　では，その閉そく区間に列車が存在していることは，どうやって担保するのでしょうか．かつて，単線区間の場合には，一つしかない「スタフ」を持っている列車がその閉そく区間を走ることができるという「スタフ閉そく」という仕組みで列車の運行を管理していました．

第 3 章　鉄道と機能安全　　　　　　　　　　　　　　　　　　　73

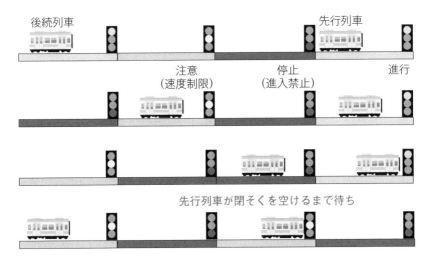

図表 3.14　閉そくと信号の関係

　しかし，走る方向が同じ複線区間や列車本数の多い路線では，スタフの回収・受け渡しの余裕はありません．そこで，列車が線路上のどこにいるかを「軌道回路」によって検知し，それにより信号を制御する「自動閉そく」方式が使われるようになりました．

　図表 3.15 に軌道回路の原理を示します．線路は 2 本のレールから成り立っていますから，あらかじめ閉そく区間のレールに電流を流しておきます．その区間に列車がいなければ，軌道継電器まで電流が流れて「進行」信号を示します．その区間に列車が入ると，車輪・車軸がレール間をショート（短絡）するので，軌道継電器まで電流が流れません．すると，この区間に入れないように「停止」信号を示します．閉そくのつなぎ目にあたるレールは，隣の閉そく区間に電流が流れないように絶縁継目（インピーダンスボンド）により絶縁します．

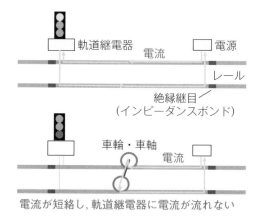

図表 3.15 閉そくと軌道回路

　もし，電源やレールに問題が発生して軌道継電器まで電流が届かなくなると，信号は「停止」を示します．すなわち，軌道回路は故障時に安全側に動作するフェールセーフ機能を持っています．このため，軌道回路による列車位置検知は，自動閉そくを支える技術として長く使われてきました．

3.7 自動列車停止装置（ATS）

　軌道回路による自動閉そく方式では，信号を守って列車を運転する責務は運転士に委ねられています．もし，運転士が急病になったり，うっかり信号を見落としたりすると閉そくの原理は働かず，列車の衝突・追突事故やオーバースピードによる脱線事故になりえます．

　このような事態に対処するため，列車が「停止信号」つまり進入禁止の閉そく区間に入る前に，自動的に列車を停止させる装置が開発されました．これが列車自動停止装置（ATS：Automatic Train Stop）です．

　最初のATSは，「打子（うちこ）式」と呼ばれる機械的な方式です．線路脇の「打子」と呼ばれる金属製ハンマーが，走行している列車のブレーキコックを叩くことで，強制的にブレーキをかけて列車を停止させます．正常な運転であれば，打子の手前で停止します．打子は次の閉そくの信号と連動していて，停止信号のときに電空式列車停止機によって起き上がります．そして信号が変わると，再び倒れます．**図表 3.16**にその動作原理を示します．

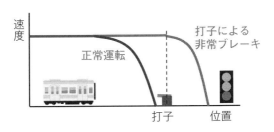

図表 3.16　打子式 ATS の動作原理

1927年,最初の打子式 ATS が東京地下鉄道(現 東京メトロ銀座線)に採用されました.打子式 ATS は,構造が単純かつ信頼性が高いことから,広く普及しました.しかし,2004 年に国内最後の打子式 ATS が廃止され(名古屋市営地下鉄),いまや国内で見ることはできません.

図表 3.17 は地下鉄博物館(東京都)の 1000 形電車の打子式 ATS の展示です.写真中央下,レール脇の白いハンマー形状のものが打子です.レール間の黒い装置が,打子を起こす電空式列車停止機です.

図表 3.17　東京地下鉄道 1000 形電車の打子式 ATS
(地下鉄博物館,著者撮影)

3.8 ATS-SとATS-P

　ATSは，打子式から改良が進んでいきました．1962年の国鉄（現JR東日本）常磐線の三河島事故が契機となって全国的に普及した方式がATS-S方式です．ATS-S方式は，停止信号に近づいたときに運転士に注意喚起するための警報が鳴り，それに運転士が気づかずにいると列車を自動停止する装置です．

　ATS-Sの動作原理を**図表3.18**に示します．列車に特定周波数の電波を送る「地上子」を線路上の信号の手前に配置します．信号が「停止」の場合に列車が地上子の上を通過すると，運転席に警報（ベル）が鳴ります．警報は5秒間鳴るので，その間に確認ボタンを押してブレーキをかければ問題はありません．

　しかし，警報の確認ボタンが押されずにいると，運転士に大事があったものとして非常ブレーキにより列車を自動停止します．5秒間の警報を含めた制動距離が必要なので，列車に電波を送る地上子は，信号までに十分な距離をとって配置されます．

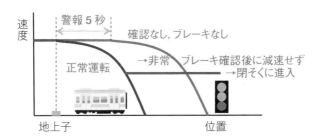

図表3.18　ATS-Sの動作原理

ATS-S は，運転士が警報確認ボタンを押すと自動停止が働かなくなります．この後でブレーキを緩めると，停止位置で止まれずに次の閉そくに侵入してしまいます．この問題点を改良したものが，改良型 ATS-S です．JR 東日本では，ATS-SN，JR 西日本では ATS-SW と呼んでいます．信号手前にもう一つの地上子（図表 3.19 中の地上子 2．「即時停止地上子」と呼ぶ）を置いて，停止信号にもかかわらず列車が地上子 2 を通過すると，非常ブレーキがかかるようになっています．

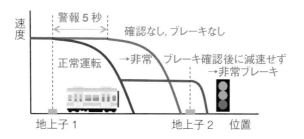

図表 3.19　改良型 ATS-S の動作原理

ATS-S の非常ブレーキをかけるのは，列車の車上装置の判断です．列車は，地上子から送られる電波を正しく認識できなければなりません．そこで，地上子ごとに送信する電波の周波数を変えることで，地上子を識別できるようにしています．

ここまでお話しした ATS は，停止信号の手前で列車を止めるための装置でした．しかし，鉄道の信号は制限速度を指示することが目的ですから，列車の速度を計測して速度超過かどうかを判断する仕掛けが必要です．

例えば，地上子から次の地上子までの通過時間を車両側で計測して，制限速度で走行した場合よりも早いか遅いかで，速度超過かどうかを知ることができます．これを「速度照査」と呼んでいます．ATS-S でも速度照査を導入した例はありましたが，本格的に速度照査を取り込んで

開発されたのが ATS-P です．

先ほど，地上子を通過する経過時間で車速を測る方法を紹介しましたが，その方法ですと速度照査する地点に地上子を設置しなければなりません．ATS-P の特徴は，車両が自分で測定した車速と正常運転の減速パターンを速度照査することです．減速パターンとは，理想的に減速したときにどこでどの速度であるべきかを示したものです．

図表 3.20 では，「地上子 1 を通過後は常に減速パターン」との速度照査を行っており，速度超過であれば常用ブレーキで減速します．正常運転ならば列車は信号手前の地上子 3 の前で停止します．もし，地上子 3 を列車が通過したならば非常ブレーキで停止します．減速中に信号が変わると，途中の地上子 2 から通知を受けて減速パターンを更新します．

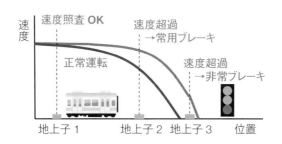

図表 3.20　ATS-P の動作原理

ここで，正常運転の減速パターンはどうやって計算しているのでしょうか．減速パターンを計算するために，列車は最初の地上子から電波により信号の速度制限，またはカーブの制限速度，停止までの距離などの情報を得ています．これらの情報に基づいて，列車は減速パターンを計算して，ブレーキをかけています．すなわち，地上子は速度照査を行う地点ではなく，減速パターンの再計算を行う地点なのです．再計算は速度照査よりも頻度が少ないので，ATS-P では地上子の数を減らすこと

ができます.

このように,当初は電波発信機の役割であった地上子は,情報伝達機へと役割を変えてきました.そのため,最近は伝送中継器の意味で「トランスポンダ」と呼ぶこともあります.

図表 3.21　ATS 制御装置
(著者撮影)

3.9 自動列車制御装置（ATC）

　自動列車制御装置（ATC：Automatic Train Control System）は，列車の停止だけでなく，減速まで自動制御する装置です．ATSが地上信号にしたがっていたのに対し，ATCは信号機が列車上にある車内信号方式を採用しています．

　1964年の東海道新幹線が，世界で初めてATCを全面的に採用した高速鉄道です．新幹線の営業速度は時速210 kmですから，ブレーキをかけて止まるまでに3～4 kmもかかります．新幹線にATCは必要不可欠だったのです．

図表 3.22　0系新幹線の運転台
（カワサキワールド，著者撮影）

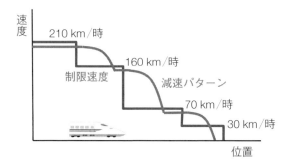

図表 3.23　ATC の動作原理

　図表 3.23 に，車内信号に対応して段階的に減速する多段ブレーキ方式 ATC の動作原理を示します．地上設備は，現時点で許容できる制限速度を表す周波数の電流信号をレールに流します．列車は，レールから受信した制限速度と自身の現在速度を比較して，速度超過ならば減速のため強制的にブレーキをかけます．減速する地点に来ると線路が教えてくれるので，列車が自動的に減速するというわけです．
　これだけ聞くと，運転士がいなくても安全に列車の運行ができるように思いますが，そうでもありません．ATC は減速を最大ブレーキで行うため，急ブレーキに近い状況になります．乗客は手すりや吊革につかまったり踏ん張ったりしなければいけません．これを避けるためには，ATC が働く前に運転士に信号の予告を知らせることで，運転士が徐々にブレーキをかけて減速していたのです．
　ところで，本書では ATS が ATC へと発展したように述べていますが，国内の導入はいずれも 1960 年代とほぼ同時期です．新幹線や地下鉄のように地上信号の見通しが良くない路線には，比較的早期に ATC が導入されました．一方，地上信号設備のある在来線では ATS が普及しました．いずれも，互いの技術を参考にし，良いところは取り入れて発達してきましたので，最新技術には似通った点もみられます．

3.10 デジタル ATC

　地上信号から車内信号に変わったことで，制限速度を細かく設定することが可能になりました．例えば，営業当初の東海道新幹線は，6 種類（時速 0 km, 30 km, 70 km, 110 km, 160 km, 210 km）の制限速度（信号）で運行していました．しかし，ATC は地上から列車への制限速度の通知を電気信号の周波数に頼っているので，いくらでも細かくできるわけではありません．周波数変調装置も複雑かつ大型化します．

　そこで，信号伝達をアナログ方式からデジタル方式として，少ない周波数帯でより大量のデータを伝送できるようにしました．これがデジタル ATC です．

　デジタル ATC の特徴は，データ通信量が増えたことにより，制限速度（信号）を細かく設定できることです．ところが，信号種類が多いということは，停止するまでに何度もブレーキがかかるということです．前出の**図表 3.23** で示した減速パターンは，ガックンガックンと，乗り心地がよいとはいえません．もし，ずっと先の閉そく区間で停止することがわかっていれば，その地点で停止するスムーズな減速パターンを作れるはずです．

　デジタル ATC では，これを「一段ブレーキ」と呼んでいます．一段ブレーキパターンを計算するには，より多くの閉そく区間の情報が必要であり，その通信をデジタル通信技術が支えています．

　図表 3.24 に，デジタル ATC の一段ブレーキの動作原理を示します．列車は，レールから停止する位置（停止軌道回路名）を受け取り，現在位置と速度から，減速パターンを計算します．この減速パターンにしたが

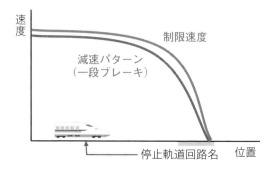

図表 3.24　デジタル ATC の一段ブレーキの動作原理

がって，列車を停止すべき位置に止めます．図表 3.23 に示した従来型 ATC に比べて，滑らかな減速パターンとなっています．乗り心地がよいのはもちろん，ブレーキシュー等の摩耗も抑えられ，ブレーキを緩める区間がないことから制動距離も短くできます．

　デジタル ATC も鉄道 RAMS 規格にしたがって設計されています．鉄道 RAMS すなわち機能安全技術によって，鉄道は安全性を向上させるとともに，快適性を達成しているのです．

3.11 自動列車運転装置（ATO）

電車運転ゲームをやってみると，駅のホームの所定の位置にぴったり止めることがとても難しいとわかります．最近の駅はホームドアがついているので，停車位置がホームドアから数十センチずれただけで，乗降ができなくなります．

定位置停止支援装置（TASC：Train Automatic Stopping Controller）は，このぴったり停止を支える装置です．停車位置で止まれるように減速パターンを計算して，自動的にブレーキがかかる装置です．止めるべき位置に止めるという点では，ATS-P や ATC と似ていますが，駅での停止位置の精度を高めている点が特徴です．

TASC は駅構内および進入部の停止位置前の線路の間に，いくつかの地上子（図表 3.25 中の白い板）を配置します．

図表 3.25　TASC の地上子
（著者撮影）

お台場のゆりかもめや神戸のポートライナーのように，運転士のいない列車があります．これらは，自動列車運転装置（ATO：Automatic Train Operation device）によって運転されています．ATOは，ATCやTASCの減速・停止機能に加えて，発進・加速までを自動化したものです．

実は，運転士が運転する路線でも，ATOが導入されている例があります．ATOがある場合の運転士の役割は，出発時に出発確認ボタンを押すことと，緊急時に非常ブレーキを押すように構えておくことです．とはいえ，ダイヤが大きく遅延したときや障害時には，ATOの自動運転をマニュアル運転に切り替えて運転士が列車を操作します．そのため，運転士は定期的にマニュアル運転の練習を行っています．

日本で初めてATOを営業運転に導入したのは，1976年の札幌市営地下鉄東西線です．さらに，1981年の神戸新交通ポートライナーでは，一部の例外を除いてほぼ無人運転を行っています．

図表 3.26　ポートライナーの運転台
（著者撮影）

3.12 無線式列車制御装置（CBTC）

　デジタル ATC は，停止すべき地点（閉そく区間）で止まるようにブレーキパターンを計算していました．この地点を固定的な位置ではなく，先行列車のわずかに手前といった相対的な位置にできないでしょうか．

　その時々の列車状況に応じて閉そく区間が移動する概念を「移動閉そく」と呼びます．**図表 3.27** に，固定閉そくと移動閉そくの概念を比較します．固定閉そくは，ダイヤ遅れで列車が混雑しても，閉そく区間長だけの列車間距離をあけなければいけません．一方，移動閉そくでは，先行列車と自身の速度や路線状況によって閉そくの長さが決まりますから，低速の混雑時は車間距離をかなり詰めることができます．列車密度の高い都市部の路線では効果的です．

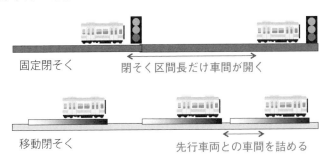

図表 3.27　固定閉そくと移動閉そく

　移動閉そくを実現するためには，各車両がどこをどの速度で走行しているかを正確に把握しなければいけません．これを地上子（トランスポンダ）などの地上設備に頼ると，建設コストが膨れます．そこで，各車両が走行情報を無線通信で互いに教えあう，無線通信型列車制御装置（CBTC：Communication Based Train Control System）が開発され

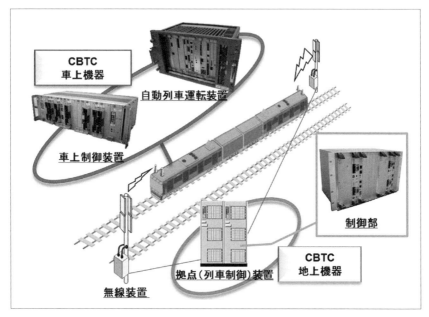

図表 3.28　CBTC のシステム構成
(出典：三菱電機ニュースリリース)

ました．CBTC は，移動閉そくに対応した列車制御システムです．

　CBTC を搭載した列車は，自身の位置や速度を速度検知器と地上子から受信する位置情報により測定し，無線通信により拠点（列車制御）装置に伝送します．地上側設備は，線路脇の無線設備と拠点の列車制御装置であり，他の列車と列車情報とそれに応じた停止位置を交換します．各列車は受信した情報に基づき自身の制限速度（信号）を制御します．

　CBTC は地上設備が少ないため，新規路線の建設費用を抑えられる利点があります．このため，新興国を中心に CBTC の導入が進んでいます．一方，鉄道先進国は ATS や ATC などの地上設備が既に存在するため，新路線を除いて CBTC の導入は控えめです．

　2017 年 1 月時点で，国内で唯一営業運転している CBTC が，JR 東日本の仙石線（あおば通駅—東塩釜駅間）の ATACS（Advanced

Train Administration and Communications System）です．ATACS は，安全性の向上，設備費用の削減および輸送効率の向上を目的に開発されました．さらに，これまで鉄道保安装置に含めていなかったいくつかの機能を統合した保安システムです．

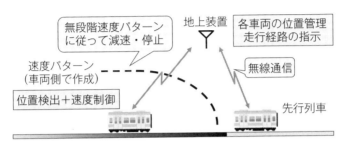

図表 3.29　ATACS の動作原理

　例えば，ATACS の特徴として，踏切制御機能があります．従来の信号システムでは，地上設備が列車の位置を検知して踏切の開け閉めを制御していました．ATACS では列車が自身の速度と踏切までの距離を計算して，踏切に対して警報開始を要求します．そして，踏切を通過した時点で，列車は警報終了を送信します．列車が，踏切遮断時間を最小となるように指示しているのです．これにより，駅のすぐ隣にありがちな「開かずの踏切」を緩和できます．

　また，保線作業区間への対応，ホーム上の非常停止ボタン作動時の対応などは，ATS や ATC では対応できず運転士の注意力頼みでした．ATACS ではこれらもシステムに取り込み，安全性向上を実現しています．

　ATACS の試験運転は 1997 年から仙石線で実施され，2011 年には信号保安装置としての要件を満たしているとの評価を受けました．その後，東日本大震災の影響を受けながらも，2011 年 10 月より営業運行を開始しました．ATACS は列車の運行密度の高い路線でこそメリットが大きいので，今後は首都圏への適用が予定されています．

第 3 章のまとめ

　いま，世界中から日本の鉄道技術，とりわけ安全性について注目が集まっています．新幹線の安全神話はもちろん，在来線でもほとんど遅れない正確性や，車内の快適性や乗り心地などが高く評価されています．これらを支えている柱のひとつが機能安全技術であることを，本書では述べてきました．

　機能安全規格が生まれる前から，鉄道分野では保安装置に電気制御や通信技術を導入するための標準化を IEC 62278，すなわち鉄道 RAMS（信頼性，可用性，保守性，安全性）規格として進めてきました．ATC や CBTC は，機能安全を含むデジタル処理技術およびデジタル通信技術が不可欠ですが，これらの新技術が十分な安全性と信頼性を持つという裏付けがなければ実用化はできなかったでしょう．

　ただし，日本は新幹線にみられるように独自の技術開発を行い，独自の鉄道システムおよび鉄道文化を作ってきました．国際規格の取込みおよび提案は，つい最近始まったところです．今後，日本の鉄道システムが世界に展開していくうえでも，技術の国際標準化は重要です．

第4章
自動車と機能安全

4.1 エアバッグシステム

　自動車の安全装置として最初に思い浮かべるのは，エアバッグシステム（SRSエアバッグシステム）でしょう．とはいえ，実際にエアバッグを動作させた経験のある方は，ほとんどいないと思います．エアバッグは通常走行中に誤動作すると，打撲，骨折，火傷などの被害を乗員が受けるので，誤動作しないよう，よほど激しい衝突でない限り動作しないように作られているからです．

　エアバッグの歴史は古く，1971年にフォードが，1973年にゼネラルモーターズが市販車に搭載しています．1980年にはメルセデス・ベンツが最高級グレードにエアバッグを搭載しましたが，メルセデス・ベンツは安全をすべての車に普及させたいとの思いから，関連特許を無償公開しました．これをきっかけに，これまで高級車だけにしか装備されてなかったエアバッグの普及が進み，日本では1987年に，ホンダがエアバッグを初めて搭載しました．いまでは，ほとんどの車にエアバッグが搭載されています．

　エアバッグの種類も増えています（**図表4.1**）．側面からの衝突に備えるためのサイドエアバッグ，車の横転に備えるカーテンシールドエアバッグ，衝突時に足元を守るニーエアバッグ，助手席用エアバッグ，後席の乗員を保護する後席エアバッグなど，多数のエアバッグが市販車に搭載されています．

　それらのエアバッグが乗員の保護を目的とするのに対し，最新の車種では歩行者用のエアバッグも搭載しています．歩行者がボンネットに跳ね上げられてフロントガラスに体を強打しないように，フロントガラスの前面にエアバッグを展開するのです．

第4章　自動車と機能安全　　　　　　　　　　　　93

図表 4.1　エアバッグの種類
（出典：Volvo Cars ホームページ）

　初期のエアバッグは機械式でした．鉄球などの重量物が衝突する際に発生する加速度によってスイッチが入り，スイッチが火薬を点火してその爆発力で一気にエアバッグを膨らませる仕組みでした．

　しかし，機械式はショックに敏感なので，ハンドルに強いショックを与えただけで誤動作する事故が多発しました．そこで，現在では機械的な重量センサを電気的なインパクト（加速度）センサに変更し，さらに電子制御ユニット（ECU：Electronic Control Unit）が，センサからの電気信号に基づいてエアバッグを膨らませ，火薬に直接点火する電気式が主流になっています．

　インパクトセンサが衝撃に敏感だと，エアバッグの誤動作が起こりやすくなります．誤動作を防止するには，センサが検知する衝撃レベルを上げる，および複数のセンサが衝撃を検知したときにエアバッグを展開することが有効です．実際には，フロントのいずれかのインパクトセンサと電子制御ユニットが両方とも衝撃を検出したときに，エアバッグは作動します（**図表 4.2**）．

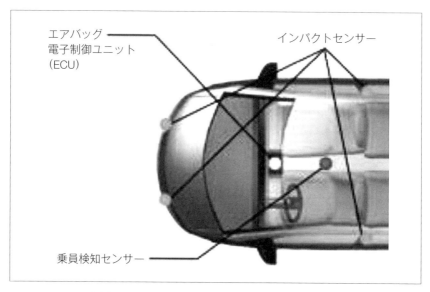

図表 4.2　エアバッグインパクトセンサの配置
[出典：三菱電機ホームページ（2015 年度）]

　フェールセーフの考え方では，安全装置が故障したらとにかく安全にする，すなわち，安全機能が働くように設計します．したがって，エアバッグ関連装置が故障するとエアバッグが動作するのが正しいように思えますが，通常時にエアバッグが誤動作するほうが危険なので，一般的なフェールセーフとは違う方式を採用しています．

　エアバッグは衝突を検知してから 0.1 秒程度で展開され，乗員を保護した後，急速にしぼみます．事故にあった運転手が，エアバッグが開いて閉じたことに気付かないこともあるほどです．

　ところが，電子制御ユニットが複数のセンサの衝撃検知を待つとなると，状況判断して火薬に点火するまでの時間的余裕はありません．その点，電子制御ユニットはインパクトセンサの信号から火薬点火までの処理が機械式に比べて速く，コストも安いため，エアバッグの普及が後押しされました．

4.2 電子制御ユニット(ECU)

　多くの電子部品は，高温，極低温に弱く，特に電源回路は10年程度が寿命です．そのため，自動車という環境は電子部品にとって極めて過酷であり，自動車の電子機器搭載はなかなか進みませんでした．

　1980年頃から，排ガス規制と燃費向上を目的に，エンジンへの燃料噴射の制御に電子制御ユニット（ECU）が導入され始めました．というのも，エンジン回転数，アクセル量に応じて適切なタイミングで適切な燃料を噴射してエンジンに供給するためには，運転条件に基づいた高速な演算処理を行い，燃料ポンプを制御しなければなりません．ECUの持つ高速性は，この目的にうってつけでした．

　図表4.3は，一般的な自動車に使われている多様なECUを示しています．カーナビやオーディオのような情報系，ワイパーやエアコンなどのボディ系，エンジン制御やトランスミッションなどのパワートレイン系，そしてステアリングやブレーキなどの安全系までも電子制御しています．

　実際に，軽自動車クラスでも30個，高級車になると100個ものECUが使われています．さらに，ECUとセンサをつなぐ配線や，ECUどうしが連携するための通信ケーブルで結ばれています．これらの配線の重量は，実に大人ひとり分の重量になるため，軽量化と燃費向上のために，配線のネットワーク化は必須です．

　特にハイブリッド車や電気自動車は，回生ブレーキ，バッテリ充電からモーター制御まで，ECUの役割が従来の自動車よりも著しく拡大されています．そのためのソフトウェアの量も数百万行に及ぶため，いまやソフトウェアが自動車を動かしているといえるほどです．

図表 4.3　自動車に使われている ECU の種類
[出典：一般社団法人 日本自動車研究所ホームページ，原図に著者加筆]

ECU について詳しく見てみましょう（**図表 4.4**）．エアバッグ ECU の外見は，自動車の過酷な環境，特に湿気や電気的ノイズから保護するために，専用ケースに収められています．これに，インパクトセンサや火薬への配線がコネクタにより接続されます．ケース内には，図表のような基板が収められています．

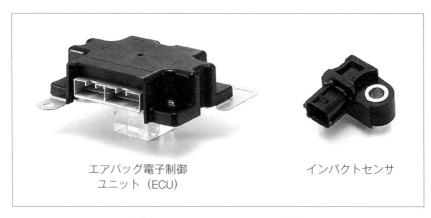

図表 4.4　エアバッグ ECU の外観
(出典：三菱電機ホームページ)

図表 4.5 に，エアバッグ ECU のブロック図を示します．中央に，マイコン（MCU：Micro Controller Unit）があります．このすぐ隣にフロントおよびサイドエアバッグの火薬点火装置（Squib）を制御するドライバ（出力回路）がつながっています．火薬点火装置は，エアバッグ ECU の右端に接続された楕円形の装置です．

また，マイコンの左側には前後と左右の衝突を検知するアナログ加速度（G）センサ，フロントサテライト（車体前面）センサ，サイドサテライト（車体側面）センサが接続されています．これらの各種センサが衝撃を検知して，マイコンに伝えます．マイコンはその信号から状況を判断して，適切な種類のエアバッグの火薬点火装置を点火します．

すなわち，ECU はセンサとマイコンとアクチュエータ（火薬点火装置）を備えて，マイコンのソフトウェアにより，衝突時にエアバッグを膨らませる安全機能を実現しています．間違いなく，エアバッグ ECU は機能安全装置の一つです．そしていま，自動ブレーキ装置に代表されるさまざまな先進的安全装置が開発，搭載されています．次節からは，これらに使われている自動車の機能安全についてお話しします．

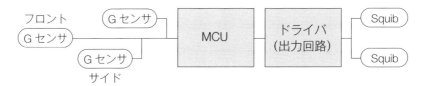

図表 4.5　エアバッグ ECU のブロック図

4.3 アンチロック・ブレーキシステム (ABS)

　自動車はタイヤと地面の摩擦で走り，止まります．凍結あるいは濡れた路面でスリップすると，エンジンのパワーがタイヤに伝わらず，加速も減速もできません．自動車は地面のグリップを失って，横になって滑ってしまいます．たとえ乾いた路面であっても，急ブレーキを踏むとタイヤがロックすることで，スリップあるいはスピンして，路面には黒いタイヤの跡が残るでしょう．

　このようなタイヤのロック状態を解除するには，一時的にブレーキを緩める，いわゆるポンピング・ブレーキが有効です．運転教習や免許更新講習で，聞いたことがあると思います．しかし，車が横滑りしているときに，運転手が冷静にブレーキを緩める・踏むを繰り返すことができるのかは疑問です．

　アンチロック・ブレーキシステム（ABS：Antilock Brake System）は，このポンピング・ブレーキを ECU が自動的に行ってくれるシステムです（図表 4.6，図表 4.7）．ECU は，タイヤのロックを検出して一時的にブレーキを緩めることを 1 秒あたり数十回繰り返すことで，タイヤのロックを生じさせません．すなわち，最大のブレーキ効率を得ることができます．さらに，自動車はブレーキ中にハンドルを切るとバランスを崩してスピンしますが，ABS があればタイヤが横滑りしないので，ハンドルのとおりに走ることができます．

　自動車の ABS では，四輪が連携しています．一つのタイヤだけ制動力が著しく異なれば，車はスピンします．そのため ABS システムは，四輪のうちいちばん制動力の弱いタイヤに合わせて，自動車の姿勢を制御します．したがって，凍結または濡れた路面では，運転手のハンドル

操作と合わせたブレーキ操作よりも，制動距離が長くなる場合もあります．

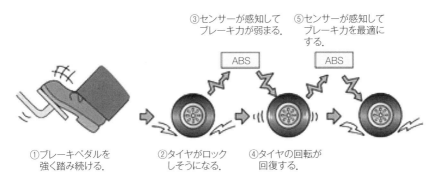

図表 4.6 ABS の動作原理
(出典：国土交通省ホームページ)

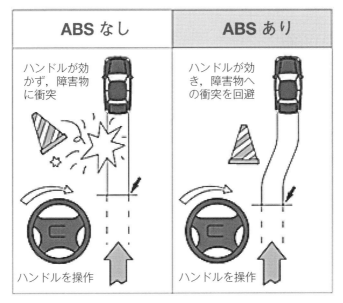

図表 4.7 ABS の効果
(出典：国土交通省ホームページ)

電子制御式のABSは，1978年にメルセデス・ベンツに搭載されたのが最初で，1980年代に普及が拡大しました．国産乗用車では1982年に市販乗用車に初めてABSが搭載されました．

　二輪車でも，1990年代から大型バイクへのABSの普及が始まりました．二輪車の場合，タイヤのロックは確実に転倒事故につながるため，ABSは重要な安全装備となっています．

　意外なところでは，ABSは制動距離が短くなるので，レーシングマシンにも搭載されました．いまでは，ABSは自動車の重要な安全装置として普及が進んでいます．

4.4 トラクションコントロール（**TCS**）

　タイヤが路面に力を伝えられない状況は，タイヤのロックによるスリップと，タイヤの空転が原因です．ぬかるみや砂地などでは，アクセルを踏んでもタイヤが空回りして進みません．むしろ，タイヤの空回りによって，かえって車がぬかるみに沈み込んでしまいます．

　通常このような場合には，タイヤがうまく路面をつかむようにアクセルを細かく踏み込んで，ぬかるみを脱出します．トラクションコントロール（TCS：Traction Control System）は，このような四つのタイヤの，路面への力の伝え方を調整する装置です．

　図表 **4.8** の左図では，左からの飛び出し車両を回避しようとして急ハンドルを切ったところ，後輪がふらついてしまいました．右図のようにトラクションコントロールが装備されていれば，ふらつきそうな後輪に対して適切なトルク（駆動力）を加減することで，急ハンドルに対しても安定した走行が可能です．

　前出の ABS はブレーキ中のタイヤのロック，すなわち無回転を検出しましたが，トラクションコントロールでは空回りを検出します．トラクションコントロールの ECU は車輪速度を演算のうえ，車速と比較して，車輪速度が車速よりも速ければその車輪が空転していると判断します．そして，ECU はアクセルを緩める，すなわち，エンジン制御に対してエンジン回転数を落とすように指示します．空転している車輪へのトルクが抑えられると，タイヤはグリップ力を取り戻して路面をつかまえます．

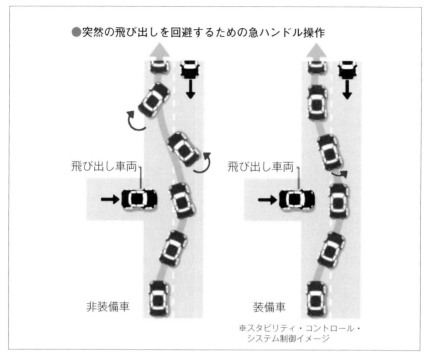

図表 4.8 トラクションコントロールの原理
(出典：国土交通省ホームページ)

　いま説明した方法は，エンジン制御がトルクを抑えることで空転から脱出する方法でした．さらに，ブレーキをかけてタイヤの空転を抑える方法と，AT（オートマティック）車ではシフトアップすることでトルクを減らす方法があります．後者は，凍結路でのセカンドギア発進のテクニックと同じです．

　トラクションコントロールは，アクセルの踏み過ぎでタイヤが空転しているときに，タイヤのグリップを取り戻すために有効な方法です．これまで，熟練者にしかできなかったぬかるみ脱出が，トラクションコントロールの助けがあれば誰にでもできるようになりました．

4.5 スタビリティコントロール (ESC)

　自動車技術というと，ターボやハイブリッドといった動力系が注目されがちですが，姿勢制御技術すなわちスタビリティコントロール（ESC：Electronic Stability Control）は，21世紀になって最も進歩した技術の一つです．

　自動車がカーブするとき，内側の車輪（内輪）と外側の車輪（外輪）では走る距離が違います．外輪のほうが長い距離を走ります．また，遠心力のため外輪に強い力がかかって沈み込み，逆に内輪は浮き上がります．さらに，カーブしながら加速・減速すると，ハンドルが示す方向よりも外側に向かおうとする「アンダーステア」，ハンドルよりも内側に向かおうとする「オーバーステア」と呼ばれる現象が起こります（**図表4.9**）．ハンドルを切っているときは前輪と後輪は違う方向を向いているので，加速・減速による前後方向の重量移動が，アンダーステア，オーバーステアを引き起こすのです．

　特に，前後の重量配分が偏っている，前置きエンジン前輪駆動（FF）や後置きエンジン後輪駆動（RR）では，この傾向が強く出ていました．そのため，エンジンを車の中央に搭載するミッドシップが，理想的なハンドリングをもたらすといわれていました．

　走行中，危険回避のために急ブレーキしながら急ハンドルを切ると，路面が濡れていれば車はスピンします．車のスピンを回避するには，車が回ろうとする方向とは逆にハンドルを当てる，いわゆるカウンターステアが有効です．自転車が転びかけたときに，無意識に逆方向にハンドルを切るのと同じ原理です．横滑りし始めた後輪のグリップを回復させるために，ブレーキを緩め，カウンターステアを当てて，内輪へのパワ

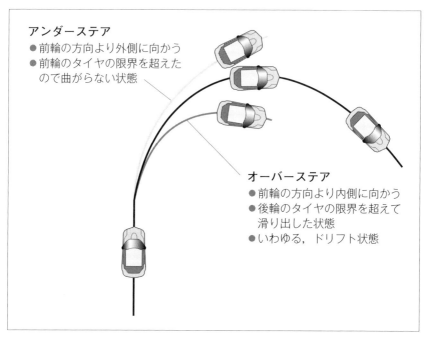

図表 4.9　オーバーステアとアンダーステア

一配分を増やすことで，スピンしようとした体制を立て直します．

　しかし，プロドライバーでもなければ，とっさにカウンターステアを当てることは困難です．このようなカーブ中の車体の不安定な状態を，ブレーキ，サスペンション，駆動輪へのトルク配分を制御することで安定な走行状態にする，ハンドルがねらった方向に走らせる技術こそ，スタビリティコントロールです．

　前出のトラクションコントロールは，タイヤのロックを防ぐABS，タイヤの空転を抑えるトラクションコントロール，車体の横ロールを抑えるサスペンション制御，内外輪のトルク配分を振り分けるトランスアクセル，パワーステアリング装置，エンジン出力の制御など，多くのECUが連携して機能しています．

図表 4.10 に，スタビリティコントロールにかかわる制御装置群を示します．それぞれの制御機能は，1980 年代から開発・実用化されてきましたが，複数機能を連携させて自動車の姿勢制御にまで発展したのは 2000 年代になってからです．国土交通省は，2012 年以降にモデルチェンジされる新型乗用車に，スタビリティコントロールの装備を義務化しました．運転者は気づいていないかもしれませんが，車が限界ギリギリでも安定して走行してくれるのは，この機能のおかげです．

なお，現状の ABS もトラクションコントロールもスタビリティコントロールも，最後はタイヤのグリップ力が決め手ですから，タイヤの能力以上の姿勢制御はできません．運転手は，何もかも自動車任せにするのではなく，路面状況とタイヤ能力を把握したうえで，安全運転を心がけてください．

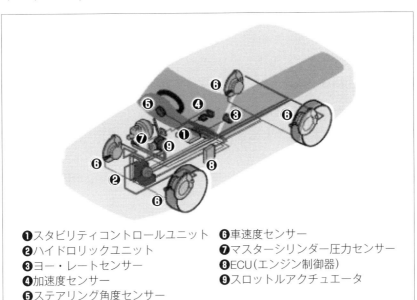

❶スタビリティコントロールユニット　❻車速度センサー
❷ハイドロリックユニット　❼マスターシリンダー圧力センサー
❸ヨー・レートセンサー　❽ECU(エンジン制御器)
❹加速度センサー　❾スロットルアクチュエータ
❺ステアリング角度センサー

図表 4.10 スタビリティコントロールにかかわる制御装置群
［出典：三菱電機ホームページ（2015 年度）］

4.6 衝突被害軽減ブレーキシステム

おそらく，自動車のハイテク安全装置として最も目にする機会が多いのが，衝突被害軽減ブレーキでしょう．

衝突被害軽減ブレーキは，前方の障害物を監視していて，ブレーキが間に合わず衝突が不可避のとき，衝突被害を軽減するように準備するブレーキシステムです（**図表 4.11**）．テレビコマーシャルで，自動車が壁に向かって突っ込んでも，自動的に止まってくれるアレです．

衝突被害を軽減する方法としては，運転者に警告を出す，ブレーキを踏んだときの利きを強くする，衝突時にシートベルトの張りを強くする，そして自動的にブレーキをかけるなどがあります．

衝突被害軽減ブレーキは，国土交通省の先進安全自動車（ASV）の一つとして研究開発され，2003年に国産市販乗用車に初めて搭載されました．あくまでも衝突時の被害軽減が目的で，衝突を回避するための自動停止ブレーキではありません．装置を過信すると故障や誤動作などが新たな危険を生むおそれがあることから，自動停止は制限されていました．

その後，2008年にボルボの「シティセーフティ」が，2010年にはスバル「アイサイト（Ver 2.0）」が市販されました．いずれも衝突手前で停止する自動停止ブレーキですが，運転手が過信しないようギリギリまでブレーキをかけないことが特徴です．アイサイトは，お手頃価格と自動停止の効果を見せる大々的なプロモーションが好評を博し，大ヒットしています．いまでは各社からも自動停止ブレーキ搭載車が発売され，衝突被害軽減ブレーキよりも自動停止ブレーキが主流となっています．

第 4 章　自動車と機能安全　　107

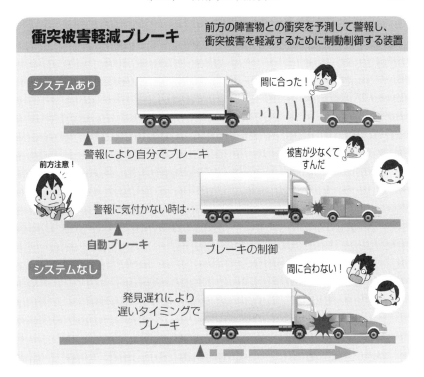

図表 4.11　衝突被害軽減ブレーキの動作
（出典：国土交通省ホームページ）

　衝突被害軽減ブレーキは，「目」の性能に依存します．「目」とは，前方を監視して，障害物を検出する性能です．前方障害物の監視にはミリ波レーダー（電波）が使われることが多いのですが，人や自転車を認識するのは苦手です．その用途には，2 台のカメラによるステレオカメラ方式が使われています．

　これは，2 台のカメラの対象物までの角度差によって，対象物までの距離を測定する方式です．ただし残念ながら，ステレオカメラ方式は夜間や霧では機能しません．したがって，ミリ波レーダーとステレオカメラの二つの方式を組み合わせることが一般的です．たとえば，ボルボの

シティセーフティでは，中長距離（150 m まで）の障害物はミリ波レーダーにより，近距離ではステレオカメラ方式と赤外線レーザーで，子供を含む歩行者や走行する自転車を監視します．

　衝突被害軽減ブレーキの有効性が確認および認知されるにつれて，装着車は増加しています．国土交通省は，総重量 22 トン超のトラックは 2014 年 11 月から，20 トン超の新型トラックは 2016 年 11 月から装着を義務化しました．継続生産車も 2017 年 9 月から（22 トン超）と，2018 年 11 月から（20 トン超）の義務化が決まっています．
　バスについても，2012 年の関越自動車道における高速ツアーバス事故を受けて，総重量 12 トン超のバスは 2014 年 11 月から装着が義務化されました．EU では，2013 年 11 月からすべての新型商用車に，2015 年 11 月にはすべての新型車に装着が義務化されました．

図表 4.12　ボルボ・シティセーフティの監視機能
(出典：Volvo Cars ホームページ)

4.7 先進安全自動車（ASV）

　ASV（Advanced Safety Vehicle）とは，先進技術を利用してドライバーの安全運転を支援するシステムを搭載した自動車です．ここでは国土交通省が推進する，先進安全自動車（ASV）推進計画について紹介します．

　ASV 推進計画は，ASV に関する技術の開発，実用化，普及を促進するプロジェクトです．例に挙げる第 5 期 ASV 推進計画（2011～2015年度）では，さらなる事故削減に向けて，ASV 技術の飛躍的高度化の検討を進めるとともに，次世代の通信利用型システムの開発促進を図ります．

　この計画では，ASV 技術に対する基本となる考え方を「ASV 基本理念」として，次のように定めています．

- ドライバー支援の原則：安全な運転をすべき主体者はドライバーであり，ASV 技術はドライバーを側面から支援するもの
- ドライバー重要性の原則：ドライバーが安心して使えること
- 社会受容性の確保：社会から受け入れられること

　図表 4.13 に，ASV における技術開発の考え方を示します．上記の基本理念を具体化していることがわかります．第 5 期 ASV 推進計画では，検討項目に三つの大きな柱を位置付けています．

　検討項目 1：ASV 技術の飛躍的高度化に関する検討
　検討項目 2：通信利用型安全運転支援システムの開発促進に関する検討
　検討項目 3：ASV 技術の理解および普及に関する検討

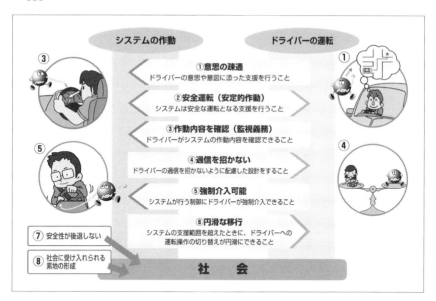

図表 4.13 ASV における技術開発の考え方
(出典：国土交通省ホームページ)

図表 4.14 に，代表的な ASV 技術を示します．

「衝突被害軽減ブレーキ」は，前述のように，衝突・追突事故を減らす効果があります．「レーンキープアシスト」は，走行レーンの中央付近を維持するようにハンドル操作をアシストします．「ACC（アダプティブクルーズコントロール）」は，一定速度で走行する機能および車間距離を制御する機能を持った装置です．高速道路を一定速度で走行するクルーズコントロールが，低速や渋滞区間でも実用可能になったものです．「ふらつき警報」は，ドライバーが居眠りなどの低覚醒状態になったときに注意喚起します．「ESC」は前出のスタビリティコントロールのことです．「駐車支援システム」は，後退駐車時にハンドルを自動制御して白線内に駐車できるように補助します．今後, ASV 推進計画が進展すれば，画期的な安全支援機能の実用化が進むでしょう．ASV 推進計画の最新情報については，国土交通省ホームページを参照してください．

第 4 章　自動車と機能安全　　　　　　　　　　　111

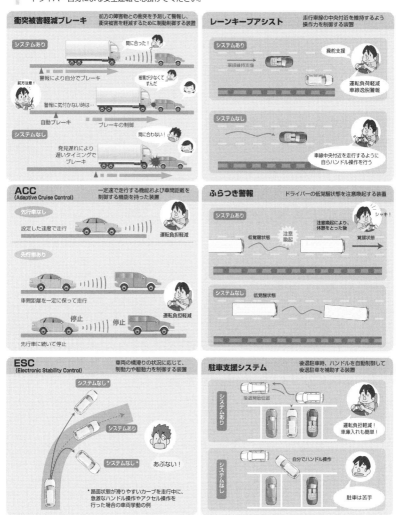

図表 4.14　これまでに実用化された代表的な ASV 技術
(出典：国土交通省ホームページ)

4.8 市販車の先進的安全機能（ADAS）

ASV 技術は，先進的安全機能（ADAS：Advanced Drive Assist System）と国際的に呼ばれています．ボルボのシティセーフティ，スバルのアイサイト（Ver 2.0）の商業的な成功を見て，各社も ADAS 機能の市販車搭載を始めました．そしていま，他社との差別化のために，最も力を入れている装備です．

ボルボのシティセーフティはその後，車の安全性に対する各種技術を総合した呼称として「インテリセーフ」となり，次の機能を含んでいます（執筆時現在）．図表 4.15 に，各機能のイメージを示します．

① 歩行者・サイクリスト検知機能付 衝突回避・軽減フルオートブレーキ システム
② RSI（ロード・サイン・インフォメーション）
③ DAC（ドライバー・アラート・コントロール）
④ CTA（クロス・トラッフィック・アラート）
⑤ LCMA（レーン・チェンジ・マージ・エイド：急接近車両警告機能）
⑥ 全車速追従機能付 ACC（アダプティブクルーズコントロール）
⑦ Full-AHB（フルアクティブ・ハイビーム）
⑧ LKA（レーン・キーピング・アシスト）
⑨ BLIS（ブラインド・スポット・インフォメーション・システム）
⑩ リアビューカメラ
⑪ 車間警告機能
⑫ LDW（レーン・デパーチャー・ウォーニング）
⑬ 全席シートベルト・プリテンショナー
⑭ アクティブ・ハイビーム

第 4 章 自動車と機能安全　　113

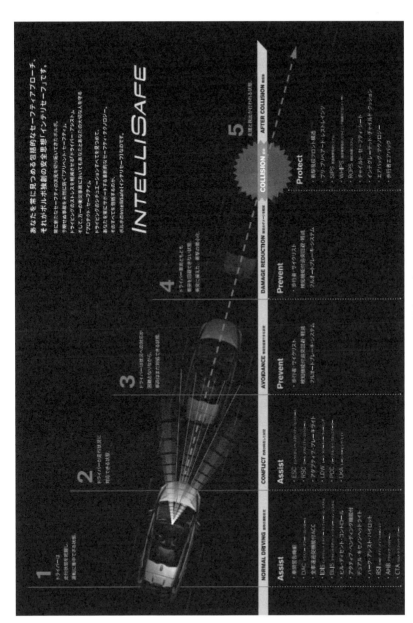

図表 4.15　インテリセーフの機能紹介（提供：Volvo Cars Japan）

現在は，メルセデス・ベンツ，BMW，トヨタなどのほとんどの自動車メーカが，ADAS機能を標準またはオプション装備でサポートしています（**図表 4.16**，**図表 4.17**）．

図表 4.16　各社の ADAS パッケージ

自動車メーカ	ADAS パッケージ
ボルボ	インテリセーフ全車標準装備
メルセデス・ベンツ	レーダーセーフティパッケージ
フォルクスワーゲン	セーフティパッケージ
BMW	アドバンスド・アクティブ・セーフティ・パッケージ
トヨタ	Toyota Safety Sense
HONDA	Honda SENSING

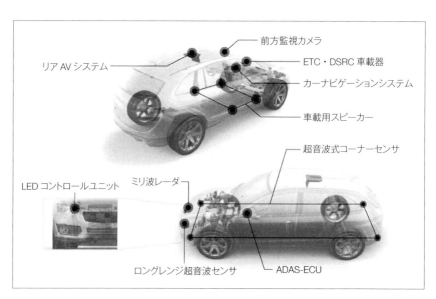

図表 4.17　ADAS 関連装置の例
（出典：三菱電機ホームページ）

4.9 安全機能の価値

　自動車を購入する際に選べるオプション装備には，工場で取り付ける工場オプションと，販売店（ディーラー）で取り付けるディーラーオプションがあります．自動車のADAS装備は，前出の**図表4.17**が示すように多彩かつ配線などが複雑であるため，ほとんどが工場オプションとなります．そのぶん購入価格は高くなり，納車に時間もかかります．

　では，ADAS機能には価格に見合う価値があるのでしょうか．実は，衝突被害軽減ブレーキの価値について，自動車保険の観点からデータが出ています．
　欧州で実施されている自動車安全テストである，ユーロNCAP（European New Car Assessment Programme，ヨーロッパ新車アセスメントプログラム）によると，衝突被害軽減ブレーキは最大27％の事故を減らすことができるとあります．また，米国道路安全保険協会（IIHS）によると，シティセーフティ搭載車はほかの車種に比べて保険請求が27％少ないとの報告があります．
　いま，欧州で最高安全性評価（五つ星）を得るには，衝突被害軽減ブレーキの搭載が必須になっています．すなわち，衝突被害軽減ブレーキを搭載することで，自動車保険の掛け金が安くなるのです．
　もともと，ADAS機能は高級車のオプション装備でしたから，保険金掛け金減額の効果も大きく，その普及の主な要因となりました．安全性への関心が高い日本において，ボルボでのシティセーフティ装着率は95％以上ありました．そのため2015年からは，シティセーフティがオプション装備ではなく，全車標準装備となりました．

国産車では，スバルのアイサイト（Ver 2.0）がADAS装備をけん引し，2015年4月には国内累計販売台数が30万台を超えました（アイサイト Ver 2.0およびVer 3.0）．普及拡大とともに，ADAS装備の価格も徐々に下がってきて，いまでは軽自動車でも衝突被害軽減ブレーキやADASの装備が選べるようになりました．

スバル（富士重工業）によると，2015年1月から9月の国内出荷分のアイサイト装着率（標準装備を除く）はすべての車種で50%以上だったとのことです．今後，ADASの装着率はますます高くなるだろうとの見解が示されています．

自動車会社は，ADAS機能を他社との差別化ポイントと考え，それによる安全性をプロモーションの先頭に置いています．機能安全によるADAS機能が，自動車を購入する決め手になってきているのです．

第4章のまとめ

　日本では一時期，「安全と水は無料」，「お客様は安全にはお金を払ってくれない」といわれていました．そのためか，自動車の安全関連の装備は規制によって消極的に普及してきました．たとえば，SRSエアバッグシステム，スタビリティコントロール，大型車の衝突被害軽減ブレーキなどです．

　その後，スバルのアイサイトやボルボのシティセーフティのように，顧客が自動車を購入する際に，ADAS機能を好んで選ぶようになりました．さらに，ADAS機能が標準装備され，他社と競い合うまでになってきました．いまや，「機能安全が自動車を売る」時代になったのです．

　自動車の進化は止まりません．2020年を目標に，自動車の自動運転も実験が進んでいます（**図表4.18**）．自動車分野では，今後ますます機能安全技術が重要になるでしょう．

図表4.18　予防安全（自動運転）コンセプトカー「EMIRAI3xAUTO」
（出典：三菱電機ニュースリリース）

第 5 章
エレベーターと機能安全

5.1 エレベーターの原理

本書を読んでいるほとんどの方は，ほぼ毎日エレベーターをお使いだと思われます．しかし，エレベーターの構造に注視することは少ないでしょう．

図表 5.1 に，ロープ式のエレベーターの原理と基本構造を示します．ロープ式エレベーターは，ロープ（以下，主ロープという）の一端をかご，他端をおもりに結び付けて，それぞれの重量をバランスさせて上部にある巻上機の滑車（綱車）に主ロープを吊り下げられます．

巻上機の綱車を回転することで，主ロープとの間に発生する摩擦力によって主ロープが駆動され，かごが上下する仕組みになっています．各フロアでかごを停止させて，乗場戸とかご戸を開けて人が乗降します．

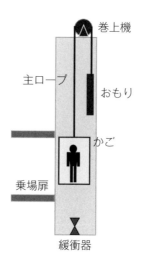

図表 5.1 　ロープ式エレベーターの基本構造

第 5 章　エレベーターと機能安全　　　　　　　　　121

　エレベーターの構造をもう少し詳しく見ていきましょう．**図表 5.2** は，一般的なエレベーターの基本構造です．前出の**図表 5.1** と同じ原理で動作します．エレベーターの経路（昇降路）には，上から下まで「ガイドレール」が取り付けられています．かごはガイドレールに沿って昇降します．エレベーターが高速でも安定して昇降できるのは，ガイドレールの精度によるところが大きいのです．

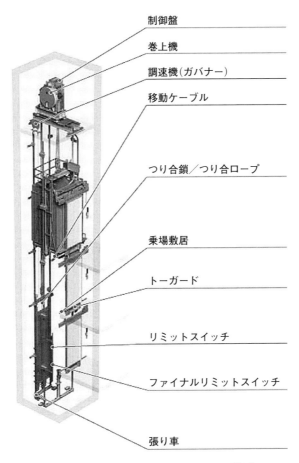

制御盤
巻上機
調速機（ガバナー）
移動ケーブル
つり合鎖／つり合ロープ
乗場敷居
トーガード
リミットスイッチ
ファイナルリミットスイッチ
張り車

図表 5.2　一般的なエレベーターの構造
（出典：三菱電機ホームページ）

上部に「調速機（ガバナー）」という装置がありますが，これはかごにつながれた専用ロープにより，かごの速度を監視し，一定速度以上になると安全回路を遮断して巻上機の電源を切るとともに，ブレーキによる制動を行う安全装置です．ブレーキ中にさらに増速した場合には，調速機ロープをつかんで非常止めを作動させます．詳しくは，次節で説明します．

また，上部と下部には「リミットスイッチ」および「ファイナルリミットスイッチ」が取り付けられています．これらはかごの「行き過ぎ」を検知するためのスイッチで，かごがこれらのスイッチを通過したとき，ブレーキを働かせて確実にかごを停止させます．

かごの速度は45 m/分から105 m/分が一般的ですが，高層ビルでは，120 m/分以上の高速エレベーターが使われます．執筆時現在，世界最速のエレベーターは，中国・上海中心大厦（上海タワー）の1,230 m/分です．しかも，横浜ランドマークタワーのエレベーターのように，床に10円玉を立てたまま昇降できる静粛性，快適性を誇ります．

それ以上に驚くのは，エレベーターの最大の特徴は，耐用年数15年から25年（法定償却耐用年数17年），その間の起動回数が1,000万回以上にもなることです．ほんとうにタフな機械です．

図表5.3 は，エレベーターのかごの構造です．最初に気が付くのは，上部の「主ロープ」です．巻上機が主ロープを巻き上げることでかごは上下します．「ガバナーロープ」は先ほど説明した調速機につながっており，調速機がかご速度を監視します．

かごの上下4か所には，ガイドレールに沿ってかごを支持するための「ガイドシュー（ガイドローラ）」が，下部には「非常止め」が見られます．非常止めは，かご速度超過（オーバースピード）のときに，レールを把持することでかごの落下を防止します．これも次節で説明します．

第 5 章　エレベーターと機能安全　　　　　　　　　　123

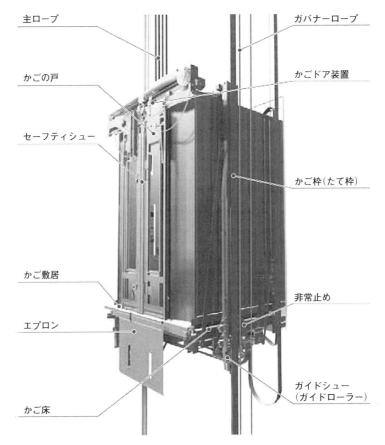

図表 5.3　エレベーターのかごの構造
(出典：三菱電機ホームページ)

　エレベーターは，かごとおもりをつなぐ主ロープを巻上機が駆動するため，従来は最上階の上に巻上機や調速機などの駆動装置を収容するための機械室が必要でした．1990 年代後半から，駆動装置類をエレベーター上部の機械室から昇降路内に配置することで，従来の機械室スペースを不要にした「機械室レス・エレベーター」が登場しました．

図表 5.4 を見ると，前出の図表 5.2 の一般的な構造のエレベーターと比べて，制御盤および巻上機が昇降路内下部に移設されていることがわかります．これによりエレベーターの設置がコンパクトになり，機械室によるビル上部の出っ張りもなくなりました．

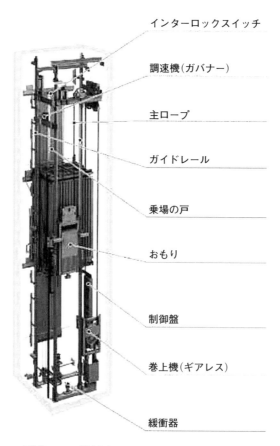

図表 5.4 機械室レス・エレベーターの構造
(出典：三菱電機ホームページ)

最近は，ショッピングモールや駅などに，ガラス張りのエレベーターを見かけるようになりました．それを観察すると，これまで説明した構造，おもりやロープ類の動きがよくわかります．

　最後に，「制御盤」について説明します．制御盤は，かごを昇降させ，呼ばれた階または指定された階でかごを停止して戸を開閉する，おおよそ満員なら呼び出した階に止めないなどの，エレベーターのすべての動作を制御しています．
　大型ビルや高層ビルでは，複数のエレベーターが並行して動作しています．呼び出されたときに，どのかごを動かすのが最も効果的なのか，待ち時間を短くできるのかを判断するのも制御盤の仕事です．さらには，「朝夕のラッシュ時には，10階まで止まりません」といった区間運転を行う場合もあります．このように複数エレベーターを統合的に制御する機能を，「エレベーター群管理」と呼んでいます．
　現代のエレベーターの制御盤は，安全性と快適性のために，多様かつ高度な処理を行っています．次節からは，エレベーターへの機能安全の適用について見ていきましょう．

5.2 エレベーターの安全系

映画などで，エレベーターの主ロープが切れてかごが落下するシーンを目にすることがありますが，現実には起こりえません．

万が一，すべての主ロープが切れたらどうなるでしょうか．1854年のニューヨーク万国博覧会で，E.G. オーチス氏は自身の開発したエレベーターに乗り込み，その主ロープを切断するというデモンストレーションを行いました．オーチス氏の発明した落下防止装置は，ロープが切れて落下が始まると，それを検知して落下を食い止めます．このデモンストレーションによって，エレベーターの安全性が広く認められるようになりました．落下防止装置はその後改良を重ね，「非常止め装置」として現在のエレベーターに備えられています．

エレベーターには，非常止め装置を始めとする各種安全装置があります．**図表5.5**に，安全装置の種類を示します．

調速機は，異常なかご速度の増大を検知して巻上機を止める安全装置です．調速機は，かごにつながったガバナーロープを介してかごの速度を監視していて，速度超過すると安全回路を遮断して巻上機の電源を遮断すると同時に，ブレーキを作動させます．

万が一，主ロープが切れるなどしてブレーキでも停止できない場合，調速機は把持機構を作動させてガバナーロープをつかみます．ガバナーロープにつながっている非常止めはガイドレールを挟んで取り付けられており，調速機がガバナーロープをつかむと非常止めが作動し，ガイドレールにくさびが打ち込まれて，かごの落下を止めるブレーキとなります（**図表5.6**）．こうして，主ロープが全部切れてもかごが最下部まで落下することはありません．

第5章　エレベーターと機能安全　　　　　　　　　127

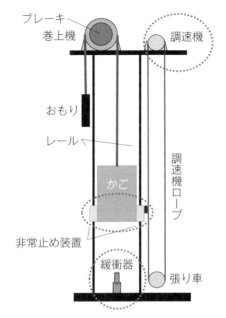

図表 5.5　エレベーターの安全装置

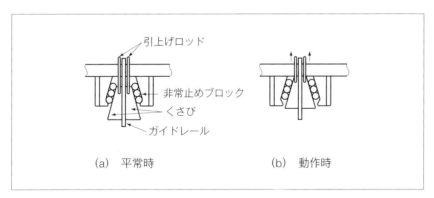

図表 5.6　非常止め装置の動作

前出の**図表 5.5** の「緩衝器」は，かごが何らかの原因で非常止めの作動速度に達する前に下部の空間（ピット）まで到達した際に，かごを受け止めて衝撃を緩和する「ダンパ」の役割を果たします．ダンパは，ばねやシリンダー，プランジャーなどから構成されています．展望エレベーターのように，底部を外から見ることのできるエレベーターを観察してみてください．底部に緩衝器が設置されているのがわかります．

　調速機はかごの速度を監視していましたが，かごが天井と底部にぶつからないためには「行き過ぎ」の監視も必要です．リミットスイッチは，昇降路の最上階および最下階付近に設置されている，行き過ぎを検知するためのスイッチです（**図表 5.7**）．かごがスイッチに接触すると，ブレーキを作動させます．リミットスイッチが予期しない原因で作動しない場合に備えて，確実にかごを止めるためのファイナルリミットスイッチも控えています．

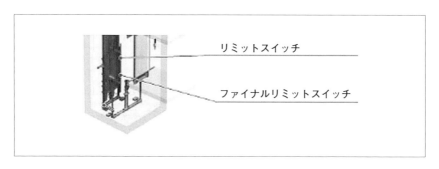

図表 5.7　エレベーターのリミットスイッチ
(出典：三菱電機ホームページ)

5.3 超高速エレベーター

　エレベーターは，ビル内の上下方向の輸送機関です．ガイドレールに沿って上下するので，「垂直方向の鉄道」といわれることもあります．

　もし，エレベーターの輸送力が足りなければ，朝夕の通勤ラッシュ時などに利用者がエレベーターホールに渋滞してしまうでしょう．しかし，その解消のためにエレベーターの機数を増やすことは，ビルオーナーにとって嬉しいことではありません．借手に賃貸しできる床面積が減少するからです．

　高速エレベーターは，時間あたりの往復回数が増えるので，低速エレベーターよりも大きな輸送力を有します．特に高層ビルでは，たとえば「20 階まで止まりません」といった区間運転することで，時間あたりの輸送力を向上できます．

　このため，エレベーターはどんどん高速化していきました．一般に，300 m/分以上の高速エレベーターを「超高速エレベーター」と呼んでいます．**図表 5.8** に，主な超高速エレベーターの速度を示します．

図表 5.8　主な超高速エレベーター

ビル名称	高　さ	完　成	速　度
サンシャイン 60	226.3 m	1978 年	600 m/分
横浜ランドマークタワー	296.3 m	1993 年	750 m/分
上海中心大厦	632 m	2016 年	1,230 m/分

図表 5.9　上海中心大厦
(出典：三菱電機ニュースリリース)

　超高速エレベーターの乗り心地も課題です．日本の超高速エレベーターは，静かで，床に立てたコインが倒れないほどのスムーズな運転が特徴です（**図表 5.10**）．かごが横揺れを起こすのは，レールの曲がりやつなぎ目による振動，および隣のかごとのすれ違い時の風圧です．
　これらを抑制するために，最新の超高速エレベーターのかごは振動を抑えるガイド（アクティブ制振ガイド）を備えています．かごの振動を

図表 5.10　立てたコインが倒れない超高速エレベーター
(出典：三菱電機ホームページ)

振動検知センサで検知して，横揺れを抑えるようにガイドを小刻みに動かします．また，高速移動時の空気抵抗を低減するために，かごに流線型の整風カバーを取り付けます（**図表 5.11**）．

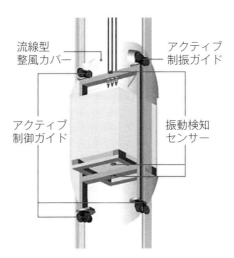

図表 5.11 アクティブ制振ガイドをつけた超高速エレベーター
(出典：三菱電機ホームページ)

　エレベーターの速度を上げると運動エネルギーが大きくなりますから，止めるための非常止めや緩衝器の能力を上げないと，いざというときにかごは止まりません．超高速エレベーターでは，これらの安全関連の装置の性能向上が必要です．たとえば非常止め装置は，ブレーキシューに耐摩耗性や耐熱衝撃性に優れる材料を採用し，安定した制動性能を実現するようになりました．

　基本的に，エレベーターの速度が大きくなるほど，前述の緩衝器が必要とする空間（ピット）は，深くなります．ピット深さはエレベーターの定格速度に対応して深くならざるをえません（**図表 5.12**）．

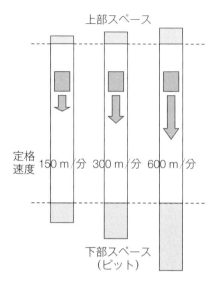

図表 5.12 エレベーターのピットの深さの例

　意外に思うかもしれませんが，エレベーターのかごは上にも「落下」します．

　かごにはおもりがつながっています．乗客数が少ない場合，かごよりもおもりのほうが重いので，巻上機の駆動力やブレーキの力が足りないと，かごはおもりに引っ張られて上昇し，昇降路の天井にぶつかります．昇降路の上部にも，底部ほどではありませんが，停止のための空間が必要です．

　上部空間が大きくなると，そのぶん施工コストが増えるだけではありません．上部空間が大きくなるということは，エレベーター上部構造物の背が高くなるということですから，ビルの外観や意匠に制約を与えます．安全のための空間のコンパクト化は，高速・超高速エレベーターの重要課題の一つです．

5.4 電子化終端階強制減速装置

　緩衝器は，定格速度に応じて全長が長くなります．ビルのエレベーター工事では，その緩衝器が収まるピット深さを確保してその設計をします．前節で，高速エレベーターではピット深さが大きくなることが問題だと述べました．では，どうすればピット深さを浅くできるでしょうか．

　通常，かごが中間の階に停止せずに昇降しているときには，ビルの中央階あたりで最高速度を出すことができますが，最上下階付近では，すでに減速しているはずです．そこで，最上下階の手前での減速を監視し，早めに速度超過を検知してブレーキをかけることで速度を抑える方法を考えます．これができれば，小型の緩衝器を使用できるようになり，ピットを浅くすることができます．

　図表5.13に，エレベーターの走行パターンと速度監視パターンを示します．従来のエレベーターは，最大速度で終端減速区間に入ってくる

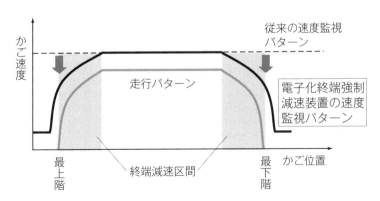

図表5.13　エレベーターの走行パターンと速度監視パターンの例

ものとして，制動距離を考えていました．しかし，実際の走行パターンは，終端減速区間では徐々に速度が下がります．そこで，終端減速区間において，走行パターンにより近い速度監視パターンを設定します．

　この機能を電子化した「電子化終端階強制減速装置」は，かごの位置（階床）と速度を速度監視パターンと照合して，その位置で速度超過であれば，ブレーキをかけてかごを減速させます．その結果，上下スペースの大きさを小さくすることができます（**図表 5.14**）．

　電子化終端階強制減速装置は，かごの位置と速度を検知し，事前設定された速度監視パターンと照合して，非常ブレーキを作動させる，機能安全装置です．

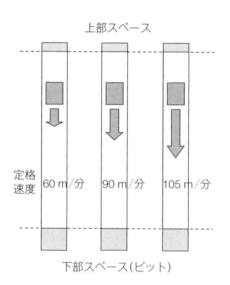

図表 5.14　電子化終端階強制減速装置搭載エレベーターの上下ピット深さの例

エレベーターの機能安全は，ISO 22201-1 で規定されています．ISO 22201-1 によると，電子化終端階強制減速装置に対する要求レベルは機能安全規格 IEC 61508 の SIL 2 以上の水準となります．回路を構成するすべての部品（プロセッサ，メモリ，I/O など）にはそれぞれ診断率の高い診断が実施され，さらにそれらの部品は二重化されて結果を照合比較し，万全を期しています．

　もう一つ重要なのは，速度監視パターンです．速度監視パターンが間違っている，あるいは甘いと，緩衝器が受け止められる速度まで減速しきれないかもしれません．したがって，速度監視パターンの妥当性について，シミュレーションや実験を行って十分な裏づけをとっています．

　こうして機能安全規格に適合した電子化終端階強制減速装置は，その有効性が認められて，一般的な標準形エレベーターにも搭載されるようになりました．

5.5 可変速運転

　標準形エレベーターでは，定格速度以上での運転を可能とする「可変速運転」を行うものがあります．

　エレベーターは，かごとおもりがバランスをとっています．定員のおおよそ半数乗車のときは，かごとおもりが釣り合うため，主ロープを巻き上げる巻上機の負担は軽くなります．

　反対に，かごが空，あるいは満員時は，かごとおもりのバランスがとれていないので，主ロープはどちらか重いほうに強く引っ張られます．主ロープを引っ張られている向きとは逆方向に巻き上げようとすると，巻上機はより強いトルク（回転力）を発揮しなければいけません．ということは，定員のおおよそ半数が乗車している状態ならば，巻上機はトルクに余力があるため，決められた性能（定格速度）以上でかごを昇降できます．このことを利用したのが可変速運転です．

　しかし，これまでのエレベーターには定格速度を超える運転は不可能でした．調速機が速度超過を検知して非常ブレーキがかかるからです．定格速度以上で運転するためには，これまでとは異なる考え方に基づいた安全装置が必要です．これまで調速機の監視速度は定格速度を基準にしていましたが，可変速運転では運行速度の最大値を基準としています．

　昇降路の上下スペースもまた運行速度の最大値を基準とする必要があり，建物の改造が必要となる場合があります．そこで，電子化終端階強制減速装置を適用することで，上下スペースを可変速運転がないエレベーターと同等にしています．これにより，条件がそろえば，定格速度以上の速度でエレベーターを運転できる可変速運転が可能となります．

第 5 章 エレベーターと機能安全

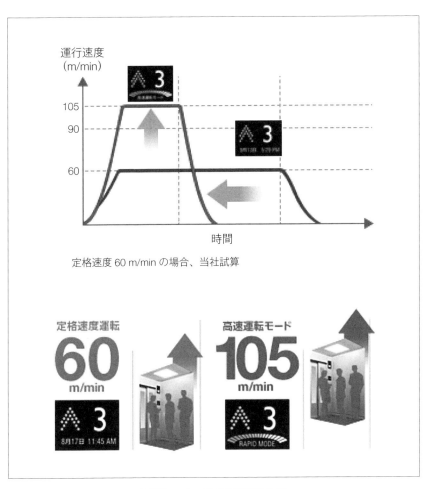

図表 5.15 可変速運転の例
（出典：三菱電機ホームページ）

可変速運転では，かごとおもりのバランスを利用し，乗車率に応じて運行速度を連続的にアップします．さらに，かごとおもりのバランスを最適化することにより，乗車率の低いときでも運行速度を上げることが可能です．条件によりますが，定格速度 60m/分に対して最大で 105m/分まで速度を上げることができます．これにより，長い待ち時間や遅い運行速度に不満を感じることは少なくなるでしょう．

　電子化終端階強制減速装置は，かごの位置と速度を速度監視パターンと照合することで，早めにブレーキをかける安全装置です．それにより，昇降路の上下スペースを小さくできるという利点がありました．さらに，かごの乗車率などの条件がそろえば，定格速度以上の運転を可能にしたのが可変速運転です．

　機能安全技術を活用することで，エレベーターをコンパクトに，そして従来の限界を超えた性能を達成できるのです．

5.6 戸開閉制御

エレベーターの輸送力の向上は，エレベーターの本質的な課題です．そのためには，停止している時間を減らし，できるだけ高速に運転することが重要です．先ほど，条件が許せば定格速度以上の速度で運転できる，可変速運転について話しました．今度は，かごが停止している時間を減らす方法について考えてみましょう．

エレベーターの戸に関する安全機能を紹介します．**図表 5.16** によると，①エレベーターに乗り込む前，②エレベーターに乗るとき，③エレベーター戸開前〜戸開中，④エレベーターから降りるときの四つの状況に分類しています．

① エレベーターに乗り込む前は，乗客が乗り場で待っている状況ですから，人感センサが乗り込もうとする人の動きを監視します．

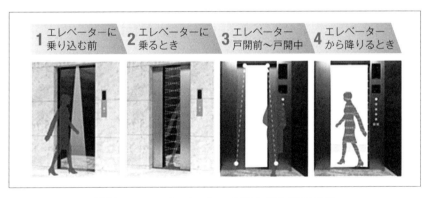

図表 5.16 エレベーターの戸の安全機能の例
(出典：三菱電機ホームページ，注：すべての製品が，
ここに紹介する機能を備えているとは限りません．)

② エレベーターに乗るときには，ドアが閉まる際，人や荷物を検知するための赤外線センサがあります．エレベーターの出入口全面に設けた赤外線ビームが，乗り降りをチェックします．センサが検知すると，閉じかけたドアが速やかに開き，スムーズな乗り降りを見守ります．

③ エレベーター戸開前〜戸開中は，かご内の戸袋付近を赤外線ビームで監視しています．かごの戸袋に近づく乗客の手や小荷物などを検知すると，警告アナウンスを発して戸をゆっくりと開きます．

④ エレベーターから降りるときは，②エレベーターに乗るときと同様，乗客が戸に挟まれないように赤外線センサで監視します．また，エレベーターによっては，かご内の出入口上部に設けられた表示灯がドアの開閉動作前，および戸閉動作中に赤く点滅し，ドアの動きをわかりやすく知らせます（**図表 5.17**）．

これらのセンサを駆使して，乗客の乗降を監視し，人が戸に挟まることなく，また，戸の開いている時間を最小限にしています．

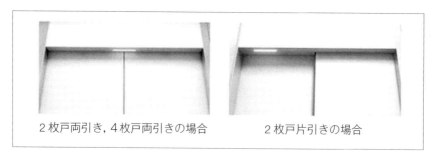

図表 5.17　ドア開閉動作の表示灯
（出典：三菱電機ホームページ）

5.7 戸開走行保護装置（UCMP）

　乗降時に不意にかごが動き出すと，エレベーターと乗場の間に乗客が挟まれる危険性があります．したがって，戸が開いているときにかごが動くことがあってはいけません．

　2008年，国土交通省は戸開走行保護装置（UCMP：Unintended Car Movement Protection）の設置義務の通達（第129条の10第3項第一号）を出し，「駆動装置や制御器に故障が生じ，かご及び昇降路のすべての出入口の戸が閉じる前にかごが昇降したときなどに自動的にかごを制止する安全装置の設置を義務付ける」と規定しました．

　UCMPは，運転制御回路や一つのブレーキが故障状態にあっても，運転制御回路とは独立したUCMP装置によって戸開走行を検知し，かごを停止させる装置です．**図表5.18**に，UCMPの構成例を示します．

　運転制御回路や巻上機のブレーキが故障すると，戸が開いていてもかごが動くおそれがあります．UCMPは戸開状態でかごが走行していることを検出し，常時作動型の巻上機二重ブレーキまたは待機型ブレーキを作動させて，かごを停止させます．

　図表5.19に，UCMPの巻上機と，待機型ブレーキの一種であるロープブレーキの構成およびUCMP制御盤の例を示します．二重ブレーキは，巻上機ブレーキとロープブレーキのように2個の機械的に独立したブレーキ装置により構成されています．ブレーキや関連回路に故障が発生しても，戸開走行検出時において必要な制動力を確保します．

　また，常時作動型の巻上機二重ブレーキには正しい動作を検出するための動作感知装置が備わっており，一方の故障を検出したときにはかごを制止させます（**図表5.20**）．

戸開走行保護装置(UCMP：Unintended Car Movement Protection)

UCMP は次の装置により構成され, 運転制御回路や, ひとつのブレーキが故障状態にあっても, 運転制御回路と独立した UCMP 回路で戸開走行を検知し, かごを制止させます.

- ❶UCMP 回路
- ❷二重系ブレーキ(動作感知装置付)
- ❸特定距離感知装置(昇降路側各階に設置)
- ❹特定距離感知装置(かご側)
- ❺かごドアスイッチ
- ❻乗場ドアスイッチ

戸開走行保護装置(UCMP)の動作

| 運転制御回路・片方のブレーキなどが故障 |
| UCMP 回路で戸開走行を検出 |
| もう一方のブレーキが作動 |
| かご停止(制止) |

図表 5.18　UCMP の構成例と動作
(出典：一般社団法人 日本エレベーター協会ホームページ)

はすば歯車式巻上機とロープブレーキ

UCMP 制御盤

図表 5.19　UCMP の構成と制御盤
(出典：三菱電機技報)

第 5 章　エレベーターと機能安全　　　　　　　　　　　143

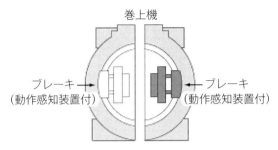

図表 5.20　常時作動型巻上機二重ブレーキ
(出典：一般社団法人　日本エレベーター協会ホームページ)

　もちろん，UCMP も機能安全の応用です．UCMP は，ドアが開いているか，現在位置が階床レベルか，そしてかごが動いているかを監視します．もし，かごが階床レベルから外れて動き出し，かつ扉が開いている状況であれば，かごを非常停止させます．これらの状況判断に，機能安全は欠かせません．

5.8 地震時管制運転装置

　東日本大震災では，エレベーターの釣合おもりの脱落やレールが変形する事案，エスカレーターが脱落する事案が複数発生しました．これらの事案に対応するために，エレベーターの耐震技術基準を見直した建築基準法の改正が行われました．

　たとえば，第129条の4第3項第5号（告示第1048号）「釣合おもりの脱落防止構造の強化」（**改正①**），第129条の4第3項第6号（告示第1047号）「地震に対する構造耐力上の安全性を確かめるための構造計算の規定追加」（**改正②**），第129条の11（告示第1050号，第1051号，第1052号）「荷物用，自動車用エレベーターの適用除外規定の変更」（**改正③**）などです．

　この法改正を受けて，メーカ各社はエレベーターの安全対策の強化を図りました．それは，かご，昇降路の構造，地震時のロープ類の引っかかり防止，ロープ外れ止め構造，起動装置・制動器の構造および施錠装置など広範囲に及びました（**図表5.21**）．

　たとえば，釣合おもりの脱落防止構造の強化に対しては，枠部材の変更などによる従来構造からの見直しを実施し，釣合おもりの枠の構造を強化しました（**対応①**）．また，地震に対する構造耐力上の安全性を確かめるための構造計算の規定追加に対しては，機械室レス・エレベーターのガイドレールの強度計算に関して，鉛直荷重をより厳しく見込んだ設計としました（**対応②**）．荷物用，自動車用エレベーターの適用除外規定の変更に対しては，ドアスイッチ・戸開走行保護装置(UCMP)・地震時管制運転装置・インターホンを付加することで対応しました（**対応③**）．

　エレベーターには，地震時に安全に停止することが求められます．建

第 5 章　エレベーターと機能安全　　　145

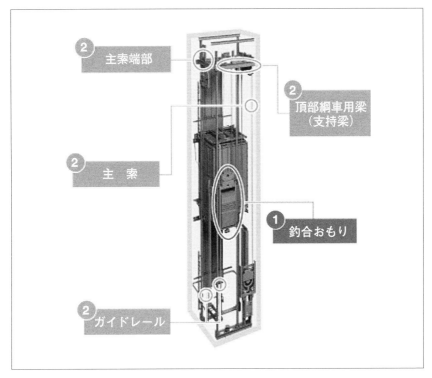

図表 5.21　エレベーターの建築基準法改正への対応例
(出典：一般社団法人　日本エレベーター協会ホームページ)

築基準法第 129 条の 10 第 3 項第 2 号には，「地震その他の衝撃による加速度を検知して，自動的にかごの昇降路の出入口に停止させ，自動または手動により戸開する装置の設置を義務付ける」とあります．「地震時管制運転装置」がこの役割を果たします．

図表 5.22 に，地震発生後のエレベーターの関連機能の動きを示します．地震が発生すると，気象庁からの緊急地震速報を受けて初動の地震時管制運転が行われます．次に，エレベーターが地震の初期微動（P 波）を検知すると，「P 波センサ付地震時管制運転」が働いてかごを最寄り階に停止させます．その後，自動復旧運転あるいは保守員の派遣による

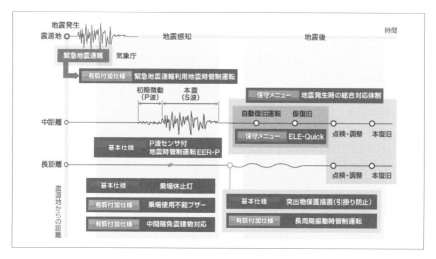

図表 5.22 耐震対策の例
(出典：三菱電機ホームページ，注：図中，有償付加仕様とあるものは，基本仕様ではなくオプション機能となります．)

復旧を図ります．

　図表 5.22 で特徴的な「P波センサ付地震時管制運転装置」について，詳しく説明しましょう．みなさんは，大きな横揺れの本震の数秒前に，小さな縦揺れ（P波）の初期微動が来ることを体験されていると思います．「P波センサ付地震時管制運転装置」は，この初期微動（P波）を検出し，かごを最寄り階で停止させる装置です．乗客は大きな揺れが来る前に，最寄り階から一刻も早い避難ができます．この動作を**図表 5.23**に示します．

　さらに，地震に限らず停電時でもエレベーター内に閉じ込められないように，停電時に自動的に着床する装置を備えています（**図表 5.24**）．

第 5 章　エレベーターと機能安全　　　　　　　　　　147

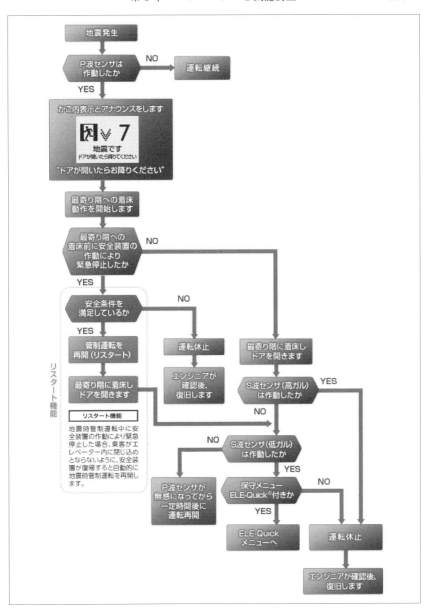

図表 5.23　P 波センサ付地震時管制運転装置の動作
(出典：三菱電機ホームページ)

停電などでエレベーターの中に人が閉じ込められた場合には，エレベーターの状態を確認したうえで，速やかに最寄り階へ着床させます．この動力にはバッテリを使用します．停電中も，自家発電源を使用して，エレベーターを運転することができるため，乗客の閉じ込めを防ぐこともできます．

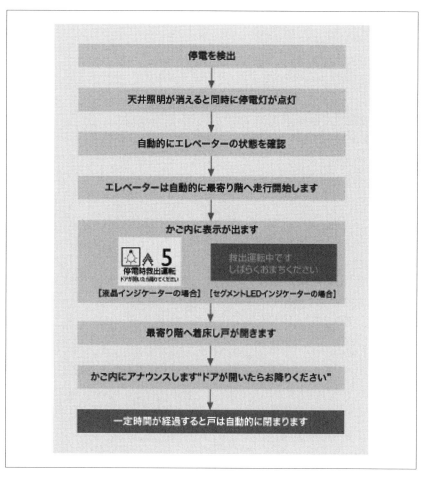

図表 5.24　停電時自動着床装置
(出典：三菱電機ホームページ)

5.9 最新・将来のエレベーター

　エレベーターを輸送手段と考えたとき，昇降路を増やさずにより多くの乗客を輸送する方法の一つとして，かごを2階建てにして乗客数を増やす方法があります．

　たとえば，名古屋駅前のミッドランドスクエア（高さ247 m, 2006年竣工）では，一度に多くの人を運ぶために2階建ての「ダブルデッキ・エレベーター」を導入しています．これは，シャトルエレベーターとしては日本で初めて誕生した，展望用ダブルデッキ・エレベーターでもあります．最大66名が乗車でき，41階・42階のスカイレストランまで約40秒で到着します．また出勤時には，オフィス用エレベーターとして，効率的でスムーズな運行を実現しています．

　さらに効率を上げるために，1本の昇降路に複数台のかごを運行するマルチカー・エレベーターも研究されています．かごとかごが衝突しないように運転管理するには，おそらく鉄道のような管制システムが必要となるでしょう．まさに機能安全の出番です．

　また，高さ1,000 mにも及ぶ超々高層ビルの建設も計画されています．このエレベーターは1,000 mものロープ・ケーブル類を動かすことになり，重量の増加が課題となります．今後も，エレベーター技術者たちは，このような難問を解決していきます．

第 5 章のまとめ

　オーチス氏の万国博覧会でのロープ切断公開実験に代表されるように，エレベーターも安全第一を掲げ，安全装置の研究開発が続けられてきました．特に，輸送能力の向上，高速化においても，安全性を失うことなく技術開発が進められてきました．それが，エレベーター安全装置への機能安全の適用です．

　機能安全技術を適用した電子化安全装置によって，安全性を保証しつつ，エレベーターおよび周辺設備をコンパクトにしました．また，定員半数乗車時には，定格速度を超える速度で運行することができるようになりました．さらに，戸周辺のセンサの充実化によって，乗客を挟むことなく速やかに戸を閉め始めることができます．このように，機能安全によってエレベーターはコンパクト化かつ輸送力を増大できるようになったのです．

　超高速エレベーター，ダブルデッキ・エレベーター，マルチカー・エレベーターとその進化は続きますが，今後も機能安全がエレベーターの安全性を担保していくことでしょう．

第6章

ロボットと機能安全

6.1 ロボット3原則

鉄腕アトムにドラえもん，AIBO に Pepper と，日本人は昔からロボットに親しみと愛着を持っています．そのためか，日本はロボットの導入と普及の面で他国をリードし，技術と製品開発の面でもロボット先進国といわれています．

ロボットには，工場などで使われる「産業用ロボット」と，農業や医療などの広い分野で使われる「サービスロボット」があります（**図表 6.1，図表 6.2**）．これまでは，工場で生産機械として導入された産業用ロボットが主流でしたが，最近では，介護などのより広い分野に向けたサービスロボットが登場しています．たとえばドローンも，人が操縦するラジコン型ではなく，自律的に飛行できるタイプのものはサービスロボットに分類されます．

課せられた仕事を，与えられた指示（プログラム）にしたがって機械だけで完遂できるならば，人型である必要はありません．逆に人型であっても，たとえばガンダムのように人が操作・操縦する機械は，自律的に動くものではないので狭義のロボットではありません．

ロボットの安全性について語るうえで，ロボットに関する最初の SF 小説『われはロボット（I, robot）』に著述された「アシモフのロボット3原則」を忘れることはできません．アシモフのロボット3原則とは，「①ロボットは人間に害を与えてはいけない，②人間の命令にしたがう，③この二つに反しない限り，自らの存在を守る」です．これ以降の多くのロボット関連の小説や映画は，相手役・敵役を除いて，この3原則を尊重して書かれています．

第 6 章　ロボットと機能安全　　　　　　　　　　　　　153

図表 6.1　産業用ロボットの例
(出典:三菱電機ホームページ)

図表 6.2　サービスロボットの例
［提供:国立研究開発法人 産業技術総合研究所(産総研)］

6.2 ロボットの安全技術と規制

　工場などで使用されている産業用ロボットも，安全性について十分考えられているという意味で，ロボット3原則にしたがって設計されているといえます．

　3原則を今の技術で言い替えると，次のように表現できるでしょう．なお，本書では，人を守ることと機械設備を守ることを区別し，前者だけを「安全」と呼んでいます．

① 人に危害を与えない：安全性
② 命令に従う：プログラム制御（**図表 6.3**）
③ 自らの存在を守る：保全性・保護機能

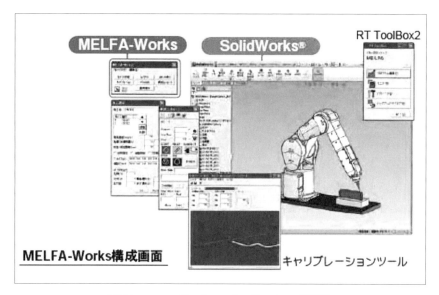

図表 6.3　ロボットのプログラミング環境
（出典：三菱電機ホームページ）

第6章　ロボットと機能安全

　ロボットの自動制御技術の多くは，マイコンやソフトウェアによって支えられていますから，これらのロボット3原則の実現には機能安全技術が不可欠です．つまり，機能安全技術の発展とともに，ロボットの適用分野と範囲が拡大してきたともいえます．

　まだ安全技術が成熟していない頃の基本的な安全対策は，ロボット全体をガード（柵）で囲って，ロボットの運転中は人が危険区域に入らないようにするという，人とロボットの隔離が主でした．しかし，ロボットをガードで囲ってしまうと，原材料の搬入・搬出や，ロボットのメンテナンスや調整などにおいて，作業性が低下します．このため，低出力（80 W 以下）のロボットについては，人に危害を与える危険性が低いことから，ガードで囲うなどの特別な安全対策を施さなくてもよいことになりました．

　その後，人とロボットが接近して作業する，人とロボットがコンビを組んで協働作業するなどの新しいニーズが出てきました．特に，介護サービスロボットに至っては，人とロボットが接触する状況まであり得ます．このような使い方の場合，ロボットの動きや取り付けられた工具や治具によっては，低出力であっても人に危害を与える可能性があります．

　そこで，2013年に「産業用ロボットに係る労働安全衛生規則」第150条の4の改正が行われ，ロボットの出力にかかわらず，リスクアセスメントと適切な安全対策を施すことが求められるようになりました．この技術的背景には，ロボットや人の監視と安全制御によって，ロボットが危険を察知して安全状態あるいは安全動作を行うことができるようになった，機能安全技術の発展と普及があります．ガードに頼らなくても，機能安全によって現実的かつ実際的な安全対策を実践できるようになったのです．これにより，介護サービスや小規模生産方式などへのロボットの適用が広がりました（**図表 6.4**）．

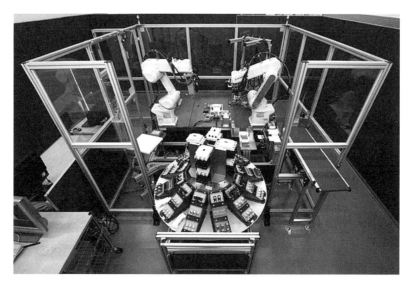

図表 6.4　ロボットと人との協働作業の例
(出典：三菱電機ニュースリリース)

　機能安全などの技術の発展により，ロボットを適用できる用途や範囲，使い方が進歩しています．次節からは，機能安全技術によって，産業用ロボットとサービスロボットがどのような進歩を遂げているかを説明します．

6.3 産業用ロボットの概要

　世界初の産業用ロボットは，1962年の米国AMF社の「バーサトラン」，およびユニメート社の「ユニメート」です．米国の自動車工場の鋳造（溶けた金属を型に流し込んで物を作る）工程からの，加工品搬出作業に使用されました．1970年代になると，日本でも自動車部品の鋳造や，スポット溶接などの危険の大きな仕事で産業用ロボットの導入が進んでいきました．

　現在使われている産業用ロボットは，次の四つの構造に分類できます（**図表 6.5**）．

① 垂直多関節型：人の腕を思わせるような形の，多用途，多機能のロボットで，種類のバリエーションも多い代表的な構造です．産業用ロボット全体の7割がこの種類です．

② 水平関節型：可動範囲は小さいですが，上からの組付け作業を得意とし，移載作業などに広く使われています．

③ パラレルリンク型：4本のリンクすべてが直接モーターにつながっていて，小物の高速な拾集・移載作業を得意とします．

④ 双腕型：2本の腕を持ち，比較的細かい作業を得意とします．人間との協働作業を想定しています．

　ロボットの腕（アーム）の先には，用途に応じていろいろなツールや工具を取り付けることができます．たとえば，溶接ロボットは溶接電極や溶接ガンを，部品の受渡しではロボットハンドや吸盤などを装備します．また，対象物の位置や形状を認識するためのリミットスイッチ，ポジションスイッチやカメラ，補助的な保持装置（クランプ）やコンベアなども必要です（**図表 6.6**）．

垂直関節型
(出典：三菱電機ホームページ)

水平関節型
(出典：三菱電機ホームページ)

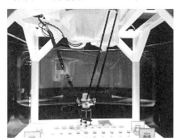
パラレルリンク型
(安川電機，著者撮影)

双腕型
(安川電機，著者撮影)

図表 6.5　ロボットの構造による種類

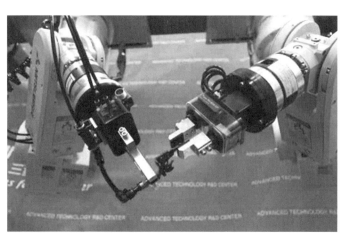

図表 6.6　ロボットアームに取り付けた工具
(出典：三菱電機ニュースリリース)

第6章 ロボットと機能安全

　ロボットの動作手順のプログラミングは，コンピュータなどであらかじめ作成したプログラムを，ロボット制御装置にダウンロードしてロボットを動かす「オフライン・プログラミング方式」と，ロボットに直接動きを教える「ティーチング方式」があります．

　前者は，製造する部品の設計ソフトウェア（前出の**図表6.3**）を用いて，その部品の加工に適切なロボットの動作手順を自動的に生成します．後者は，ロボット制御装置に付属のティーチングペンダントを用いて，ロボットを手動で動かしてその軌跡をロボットに記憶させます．つまり，人の操作手順を学習させて，ロボットに再現させるのです（**図表6.7**）．このほか，ティーチングペンダントを用いずに，直接ロボットアームを動かして動作を教える「直接教示方式」も，塗装などで使われています．文字どおり，ロボットに手取り足取りで動きを教えます．

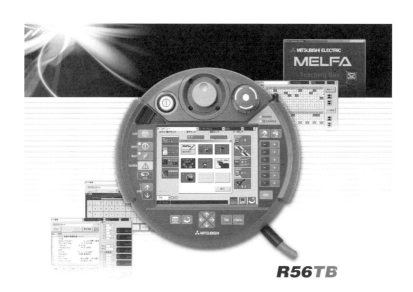

図表6.7　ティーチングペンダントの例
（出典：三菱電機MELFAカタログ）

ロボット制御装置は，これらのセンサや補助機器の情報に基づいて，あらかじめ教えられたロボット動作手順プログラムにしたがって，ロボットの関節軸のサーボモーターを動かします（**図表 6.8**）．

図表 6.8 サーボモーターの例
（出典：三菱電機 MELSERVO-J4 カタログ）

一般的なモーターは，与えられた電力を消費して連続的に回転運動をします．サーボモーターは，モーターに回転角度や位置，速度を指示することで高い精度で動きを制御できます．ですから，「キュキュ，キュッ」といった小刻みにぴったり止まる動きに使われます．ロボットや産業機械はもちろん，DVD やハードディスクドライブ（HDD）のヘッドの軸方向の動作など，サーボモーターはいろいろなところに使われています．

ロボットの制御装置，センサ，サーボモーターそしてティーチングなどは，マイコンやソフトウェア技術の発展に支えられて，多用途・多目的に広がってきました．また，ロボットの小型化も進み，使いやすくなっています．

第 6 章　ロボットと機能安全　　　　　　　　　　　　　　　161

　そして，ロボットに使用できる安全技術も進歩してきました．たとえば，ロボットは原則としてガードに囲まれた中で運転します．そのときロボットは，全力（最高速度）で働くことができます（**図表 6.9**）．

　しかし，ティーチング作業では，動作中のロボットに人が近づいて教示しなければなりません．もし，ロボットがティーチング作業中に本気を出す（最高速度で動作する）と，教示者に危険が及びます．そのため，ティーチング作業中には，ロボットは安全な速度（250 mm/秒）以下で動かすことがロボットの安全規格 ISO 10218-1（JIS B 8433）で定められています．

　この実現には，ティーチングモードの認識と管理を間違いなく行うことと，ロボットの安全速度の監視および制御が必要です．それには機能安全技術が不可欠です．すなわち機能安全によって，ロボットはティーチング作業中に本気を出さず，人に優しくなるのです．

図表 **6.9**　ロボットの安全対策
（出典：三菱電機ホームページ）

6.4 産業用ロボットの例

次は，ロボットの適用例として，梱包済み新聞紙を台車に荷積みする作業（パレタイズ）を紹介します（**図表 6.10**）．

図中の2台のロボットは，ベルトコンベアによって左から搬入されてくる梱包済みの新聞紙を手前のベルトコンベアの台車に積み上げます．梱包済み新聞紙は，バーコードで識別され，割り当てられた台車に積み重ねられます．仕分けされ台車に積まれた新聞紙は，ベルトコンベアによりそれぞれ右側の搬出口から搬出されます．

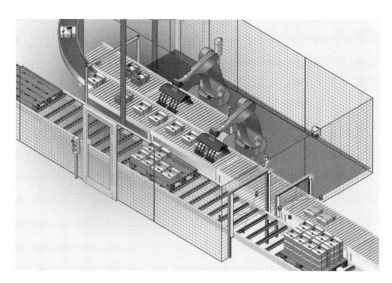

図表 6.10 荷積み作業（パレタイズ）ロボット
(出典：三菱電機 MELSEC カタログ)

ロボットと機械装置の周りは，ロボットの作動中に人が立ち入らないように，基本的にはガードで囲まれています．ただし，開口部である二つの搬出口は，作業者が不用意にこの装置に進入しないように防護される必要があります．加えて，メンテナンスドアは，ロボット作動中に作業者の不正な進入を防がなければいけません．

作業者のメンテナンスドアからの入退場は，「安全ドアスイッチ」によって防護できます（図表 6.11）．

図表 6.11　安全ドアスイッチ
(提供：IDEC 株式会社)

安全ドアスイッチは，メンテナンスドアが開いたときにスイッチがオフとなり，閉じたときにオンとなるスイッチです．メンテナンスドアが開くと，内部の機械の電源をこのスイッチにより切って停止させます．したがって，メンテナンスドアが開いている間は，機械を動かすことはできません．

　メンテナンスドアが閉じているときには，安全ドアスイッチがオンになるため，機械の電源を入れることが可能となります．ただし，ドアが閉じたからといって直ちに機械を動かしてはいけません．中に人が残っている状態で誤動作する可能性があるからです．ドアが閉じたときは，機械を運転できる状態，いわゆる「運転準備状態」です．そこで機械の動作開始（起動）スイッチを押すことで，機械が動作します．

　安全ドアスイッチは，安全を担保するための重要なスイッチですから，故障によって間違って閉じることがないように，あるいはドライバーや定規を差し込んで閉じたようにごまかすことができないように，特別な構造になっています．

　搬出口は開口部ですから，ドアやスイッチはありません．ここには，赤外線によって人体部位の進入を検知する「ライトカーテン」を取り付けます（図表 6.12）．ライトカーテンは，投光器と受光器のペアで構成され，投光器から受光器に対して，目に見えない赤外線を発しています．人体が赤外線を遮光することで，受光器のセンサの出力がオフになり，安全制御装置がロボットなどの機械を停止させます．

　投光器と受光器には，いくつもの赤外線センサが配置されています．この赤外線センサの間隔によって，指先や，指，手，腕など，検出できる人体部位が異なります．ライトカーテンは，故障や誤動作によって赤外線受光できない方向に機能するため，フェールセーフのセンサです．このため，安全要求の厳しいガード開口部などに多く使われています．

第6章 ロボットと機能安全

図表 6.12 ライトカーテン
(提供：IDEC株式会社)

6.5 ライトカーテンのミューティング

　前出の荷積みロボットの例では、搬出口にライトカーテンを設置することで、人体の侵入があったときには機械を非常停止して防護していました。しかし、その開口部に本当に人が入った場合はともかく、新聞紙を搬出するたびに非常停止になっては困ります。それを防ぐためには、たとえば新聞紙が搬出口のライトカーテン前で一時停止して、作業員の手動操作によりライトカーテンを一時無効化してコンベアを動かし新聞紙を搬出するなど、ひと手間かける必要があります。

　しかしこれでは、せっかく自動化を進めているのに作業者を煩わせてしまいますし、ロボットが作業者を待つために、ムダな待ち時間ができてしまいます。理想的なのは、通過対象が新聞紙か人体なのかをライトカーテン自体が識別して、新聞紙の場合にはライトカーテンを一時無効化して搬出する、人体の場合には非常停止するように機能することです。

　実は、ライトカーテンは、ある条件下で侵入検知を無効化する「一時無効化（ミューティング）機能」を備えています（**図表 6.13**）。ライトカーテンの手前に補助的なセンサ（ミューティングセンサ）を取り付けて、作業対象かそれ以外かを識別します。これにより、物体の横幅をセンシングして、一定以上の大きさなら新聞紙台車、それ以下であれば人体だと判断できます。

　そして、新聞紙台車ならばライトカーテンをミューティングして自動搬出させ、人体ならば非常停止をかけます。このミューティング機能によって、作業者の手動操作を待つことなく、新聞紙台車をスムーズに搬出することができるのです。

第6章 ロボットと機能安全

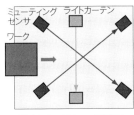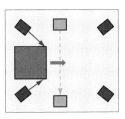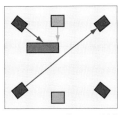

図表 6.13 ミューティングの動作

　ミューティングは，対象物の幅や長さ，台車の形状，通過時間などの要素や条件を考慮しなければなりません．ミューティングの判断基準が間違っていたり，ミューティング時間が長すぎると，危険な状況が生まれるからです．このため，ミューティングに関する要求は安全規格 IEC 61496 で規定されています．

　いまや工場における安全センサの主流となったライトカーテンは，いろいろな機能を取り込んでいます．たとえば，ブランキング機能（**図表 6.14**）は，ライトカーテンの一部を無効化します．機械設備や作業対象の一部が，ライトカーテンに部分的に干渉する場合には，非常停止を回避できます．新しいライトカーテンは安全性を保証したまま，ミューティングやブランキングのような，機械やロボットを余分に停止させないための機能を提供しています．

　つまり，機能安全によって安全センサは柔軟な使い方ができるようになり，作業者の負担の軽減や，機械の稼働率や生産効率の向上につなげることができるのです．

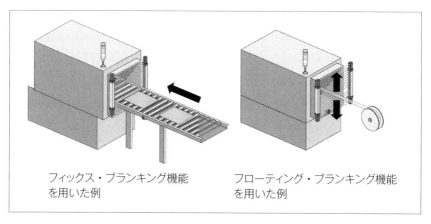

図表 6.14　ブランキングの動作
(提供：IDEC 株式会社)

6.6 産業用ロボットの安全制御の最適化

さて次は,部品の塗装ロボットについて見てみましょう.

図表 6.15 の塗装ロボットは,左上から搬入された材料を右上の塗装ブースに運び,塗装して,塗装済み材料を下側の搬出エリアに運搬します.作業者は,未塗装材料を搬入し,塗装済み材料を搬出します.

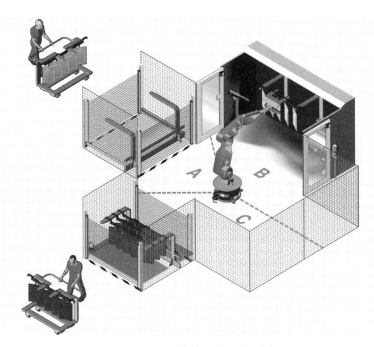

図表 6.15 塗装ロボットの例
(出典:三菱電機 MELSEC カタログ)

安全確保のために，基本的にロボットの周りをガードで囲んでいますが，搬入・搬出口は開口部になっています．搬入・搬出口に作業者が立ち入ると危険ですから，ライトカーテンを設置して，人体部位の侵入を検知すればロボットを非常停止します．つまり，搬入・搬出作業のたびに，ロボットは非常停止します．そのたびに，作業者は停止したロボットを再起動しなければならないので，あまり効率が良いとはいえません．
　ところで，作業者が搬入・搬出エリアに入ったときは，常にロボットを止めなければならないのでしょうか．たとえば，ロボットが塗装作業中に作業者が搬入エリアで作業したとしても，危険はありません．作業者とロボットが十分に離れたエリアで作業していれば，ロボットを止める必要はないのです．

　そこで，改善策として，ロボットの動作領域を三つに分割します（**図表 6.16** の右図）．A は搬入口付近，B は塗装ブース付近，C は搬出口付近です．ロボットアームの位置は，ロボット台座に取り付けたポジションスイッチにより検出します．そして，これまでの搬入エリアの外側開口部に加えて，内側開口部にもライトカーテンを取り付けます．
　外側のライトカーテンは，ロボットアームが A（搬入口付近）にあるときに作業者の侵入を検知すると，ロボットを非常停止しますが，ロボットアームがほかの領域にあるときはロボットを止めません．ただし，作業者が内側のライトカーテンを遮光すると，ロボットを非常停止して作業者を保護します．搬出口も同様に，ロボットアームが C になければ，ロボットを止めることなく搬出作業を行うことができます．

こうして，搬入・搬出作業のたびにロボットが停止していた塗装工程は，ロボットアームの位置によっては停止することなく作業者とロボットが並行作業できるように改善されました．領域を細かく分割し，入力信号を増やし，安全制御の条件を細かく設定することで，安全性を損なうことなく機械の稼働性を向上させたのです．

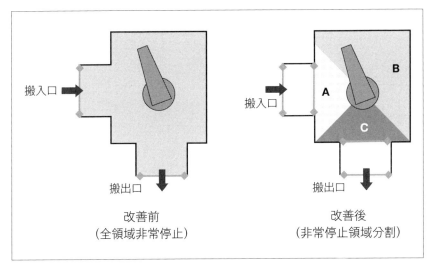

図表 6.16　塗装ロボットの改善例

6.7 安全PLC

前節で紹介した塗装ロボットの改善後の例では，ロボットアーム位置と複数のライトカーテン情報から，人の侵入箇所においてロボットを非常停止させるか否かを判断するための，安全制御処理および安全制御装置が必要となります．

改善前の，ライトカーテンを遮光するとロボットの電源を停止する処理ならば，簡単な電気回路（リレー回路）でも構成できます．しかし改善後は，ロボット停止を判断するための入力条件が大きく増えていますし，その組合せも複雑です．搬入口だけでも，「ロボットアーム位置がAかつ搬入口外側ライトカーテンオフならば，ロボット電源オフ．搬入口内側ライトカーテンオフならばロボット電源オフ」となります．これを，リレーなどの電気回路で構成しては，回路の修正やデバッグに大きな手間がかかります．

このように複雑な安全ロジックを処理するには，「安全PLC（プログラマブル・ロジック・コントローラ）」または「安全シーケンサ」の出番です（図表6.17，図表6.18）．

PLCとはもともと，機械の自動化のために各種スイッチやセンサの入力信号から適切なモーターやリレースイッチを駆動していた電気回路を，マイコンとソフトウェアに置き換えた制御装置です．安全PLCは，そのPLCが安全用途にも適用できるように進化したものです．

安全PLCが故障やバグで危険な動作をしてはいけませんから，その設計には信頼性と不具合回避のために考えられる限りの対策が講じられるべきです．機能安全規格IEC 61508には，その設計・開発方法から自己診断機能，危険故障率などの要求が規定されています．

第 6 章　ロボットと機能安全　　　　　　　　　　173

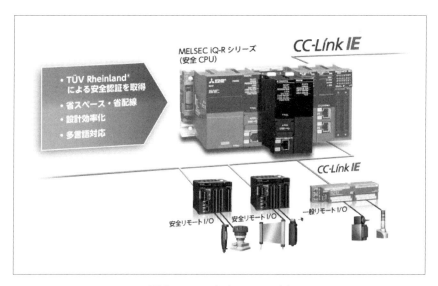

図表 6.17　安全 PLC の例
（出典：三菱電機ホームページ）

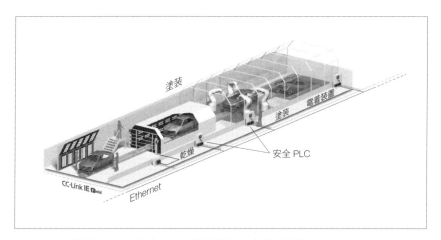

図表 6.18　安全 PLC を適用した自動車塗装ラインの例
（出典：三菱電機ホームページ）

安全制御システムを構築する技術者にとって，安全 PLC はとても便利な機器です．

もし，自分だけで安全制御システムを構築するならば，ハードウェア，ソフトウェアに対する多くの安全要求を満足するために多大な労力を必要とします．機能安全制御系の開発工数は，通常の製品開発の数倍から 10 倍程度を要するといわれることもあります．ところが，安全 PLC を使えば，安全入出力を含めたシステム構成と配置，安全 PLC で実行する安全機能のプログラムにだけ注力すればよいのです．これにより，要する労力が大幅に軽減できます．

安全 PLC の導入により，より高度で複雑な安全機能を実現することができます．たとえば，使用できる安全入出力種類の増強や，安全プログラムステップ数の増加，提供される安全命令の拡充などが可能になります．機械制御に PLC が登場したことで，これまでの配線回路をあっという間に置き換えたのと同様に，これからは安全 PLC が安全制御の主流になるでしょう．

安全 PLC も，ほかの安全制御機器と同様に進化を続けています．一つは，汎用 PLC との親和性，接続性を高めて，「PLC として使いやすい」方向への進化です．制御用ネットワークの安全対応，汎用 PLC のプログラミングツールの安全対応などがこれにあたります．最新の製品では，一つの PLC で安全制御と汎用制御の両方に対応しています（**図表 6.19**）．

第 6 章　ロボットと機能安全

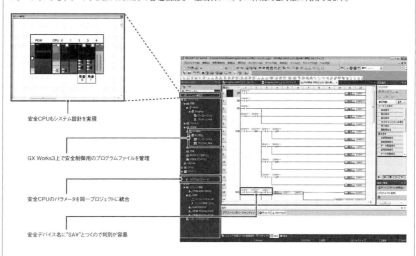

図表 6.19　安全 PLC の安全制御と汎用制御の統合
（出典：三菱電機 MELSEC iQR シリーズカタログ）

6.8 協働作業ロボット

いま,最先端のロボットの使い方は,「人と機械の協働作業」です.人とロボットがかなり近づいて,部品の受渡しや作業補助を行います.この場合,人とロボットを柵で隔離するわけにはいかないので,新しい安全確保の考え方が必要です.2015年開催の「ロボット展」でも,柵で囲まれていない,人との協働ロボットが多数展示され,来場者の関心を集めていました.

たとえば,**図表 6.20**,**図表 6.21** のロボットは柵で囲まれておらず,ライトカーテンによってロボット作業領域への人の侵入を,前面と側面から検知するようになっています.ロボットアームが手前(搬送動作エリア)にあるとき,ライトカーテンが人体の侵入を検知すると,ロボットを非常停止(瞬時停止)させます.一方,ロボットアームが奥(加工

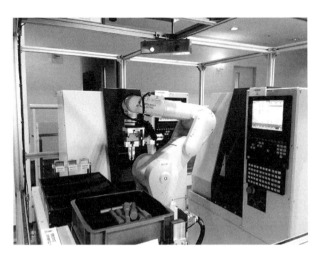

図表 6.20　柵で囲まれていないロボット
(著者撮影)

第6章 ロボットと機能安全　　　177

図表 6.21　柵なし安全ロボットの動作例
(出典：三菱電機ホームページ)

動作エリア）にあるときは，人体（腕）が直ちにロボットと交錯しないので，非常停止は不要です．

ただし，人の腕が奥のほうまで伸びてくることを考慮して，ロボットの動く速度を安全な速度，ぶつかっても怪我しない速度で動かすようにします（低速動作）．これを「安全速度制限（SLS：Safely-Limited Speed）」と呼び，IEC 61800-5-2，すなわち可変速ドライブシステムの機能安全規格で定められています（**図表 6.22**）．

また，低速動作であっても，ロボットアームが手前（搬送動作エリア）に来てはいけませんから，ロボットアームの運転範囲や位置についても制限がかかります．これが「安全位置制限（SLP：Safely-Limited Position）」です．この SLS と SLP の組合せによって，ロボットを柵で囲むことなく安全性を確保できます．また，塗装ロボットと同様に，人の接近に対するロボットの余分な停止も回避でき，生産性を向上することができます．

このほかの例としては，ロボットと人が軽く接触するとロボットが一時停止して，しばらくすると動き出す方法や，強く接触すると，ロボッ

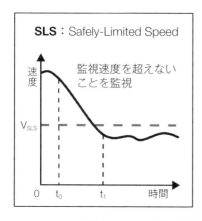 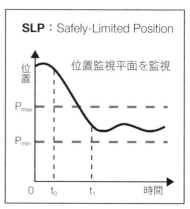

図表 6.22 安全可変速ドライブの安全動作
(出典:三菱電機 MELFA カタログ)

トが非常停止するといった方法も製品化されています.これらは人とロボットの接触が前提なので,ロボット自体も樹脂でカバーされた「人にやさしい」外装になっています.

　ここまで,機能安全の適用により,産業用ロボットが安全性かつ稼働率を向上させる事例について紹介してきました.どの工場・現場でも,安全第一,安全性確保は最優先課題です.機能安全の適用により,機械の運転と安全確保の条件を見直して,安全手順や安全方案に潜むムダを取り除き,安全マージンを最適化できます.これまでの安全手順や安全方案には,当時の技術的限界から多くのマージンを含んでいたからです.ただし,これまで築き上げてきた安全文化を見直すことは,勇気のいることでしょう.勇気を裏付ける知識と技術を身に付けたセーフティ・エンジニアが,この役割を果たしていくでしょう.

　産業用ロボットの安全対策に,機能安全の申し子である安全 PLC を活用することで安全に潜むムダを取り除き,機械やロボットの稼働率と工場の生産性を向上させることができます.機能安全で工場の生産性が改善するのです.

6.9 サービスロボット

　工場において黙々と同じ作業を繰り返す産業用ロボットに対して，鉄腕アトムやドラえもんのように，広く人に役立つ仕事や役割を担うのがサービスロボットです．医療・福祉や防災，メンテナンス，生活支援，アミューズメントなど，多様な用途への活用が期待されています．とりわけ，少子高齢化の時代背景から，介護・福祉分野でのサービスロボットの実用化が期待されています．

　サービスロボットは，その形状・使用方法によって，①移動作業型（操縦中心），②移動作業型（自律中心），③人間装着（密着）型，④搭乗型の四つに大別されます（**図表6.23**）．

　また，この分類からは例外的なロボットとして，人との対話や癒しを目的とした「コミュニケーション型」，まだ研究中の「汎用人型（ヒューマノイド）」ロボットがあります．サービスロボットは現在も研究・開発途上ですので，新しい種類のロボットの登場とともに，この分類は見直されることでしょう．

　サービスロボットの実用化に向けては，産業用ロボットにはなかったいくつかの問題を解決しなければなりません．まず，ある種のサービスロボットは原子力発電所の内部や火災現場，深海，宇宙空間などの過酷な環境で使われます．特に，原子力発電所や宇宙空間では，放射線や宇宙線が電子装置に誤動作やダメージを与えるので，電子機器の高信頼技術が必要です．2011年の福島第一原子力発電所事故の際に，特別なサービスロボットが注目されたことは記憶にあるかもしれません（**図表6.24**）．

180

移動作業型(自律中心)ロボット

物流センターの無人搬送ロボット
(ダイフク)(日立産機システム)
JIS D 6802, IEC61508, ISO13849

- 衝突安全性試験機
- 障害物接近再現試験機
- 電磁暗室試験
- 環境認識性能試験
- 多目的走行試験

移動作業型(操縦中心)ロボット

ロボティックベッド(パナソニック)

ISO13482, IEC60601-1, EN1218等

- 耐荷重試験
- 衝撃耐久性試験
- 静的安定性試験
- 電磁暗室試験
- 複合環境試験

搭乗型ロボット

搭乗型ロボット 電動車いす 屋外移動支援機器
(トヨタ自動車) (アイシン精機) (IDEC)
ISO13482, IEC61496, IEC61508等

- 耐荷重試験
- 衝撃耐久性試験
- ドラム型走行耐久性試験機
- 障害物接近再現試験機
- 複合環境試験
- 電磁暗室試験

人間装着(密着)型ロボット

ロボットスーツHAL 歩行アシスト
(CYBERDYNE) (本田技術研究所)
ISO13482

- 耐荷重試験
- 衝撃耐久性試験
- ベルト走行耐久性試験
- 電磁暗室試験
- 複合環境試験

図表 6.23 サービスロボットの種類 [出典:新エネルギー・産業技術総合開発機構(NEDO)]

第6章 ロボットと機能安全

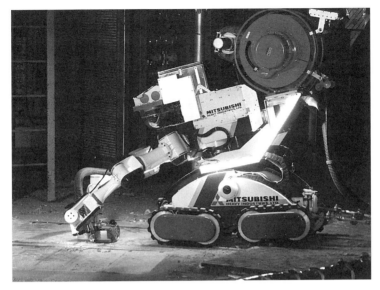

図表 6.24 福島第一原子力発電所建屋内で活躍するロボット
(出典：技術研究組合 国際廃炉研究開発機構ホームページ)

次に，人とのコミュニケーション能力が必要です．産業用ロボットはプログラミング以外に人とのコミュニケーションをとることはほとんどありません．しかし，サービスロボットは，人と共生，協働しますから，コミュニケーション能力が欠かせません．映画『スター・ウォーズ』に登場する金色ロボット（プロトコルドロイド C3PO）ほどにおしゃべりでなくても，ペットロボットのように「キュ？」という鳴き声や，毛触りや温もり（電池の放熱）などでも，立派にコミュニケーションを果たせます．

2000年に発売された犬型ロボット「SONY AIBO（アイボ）」（**図表6.25**）は，音声機能を持ちませんが，動きと表情（目を表すライト）で人とコミュニケーションをとることができました．また，アザラシ型ロボット「パロ」（**図表6.26**）は，世界一セラピー効果のあるロボットとして，ギネス世界記録に登録されています．

図表 6.25　SONY AIBO

図表 6.26　セラピー用ロボット「パロ」
［提供：国立研究開発法人　産業技術総合研究所(産総研)］

第6章　ロボットと機能安全　　　　　　183

6.10 車いすロボット

　車いすロボット（図表 6.27）は，電動車いすに自律走行の能力を与えた，搭乗型ロボットの一つです．開発した国立研究開発法人産業技術総合研究所（産総研）では「ディペンダブル・ロボティックカート」と呼んでいます．

　この車いすロボットは，製品化を目標にしたのではなく，高信頼ロボット開発技術の研究のための試作機です．そのため，開発における多くの設計情報が産総研から開示されています．

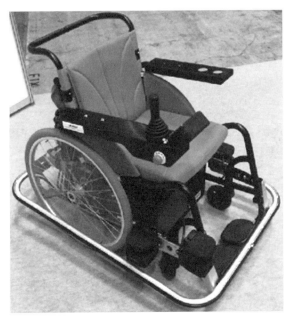

図表 6.27　車いすロボット
［出典：藤原清司（産業技術総合研究所），「生活支援ロボットの安全性検証手法の研究開発」，2014 年 4 月］

車いすロボットには，いくつもの安全機能が実現されています．安全関連制御系は，左右の車輪軸にそれぞれ取り付けられた二重系構成となっていて，その演算結果の照合による故障診断を行っています（**図表6.28**）．

本質的安全設計としては，モーターの出力制限，衝突部位形状の工夫がなされています．安全防護としては，車輪への巻込み防止のためのガードが装着されています．機能安全としては，速度制限，電子部品の冗長化，制御系の故障検出・自己診断，電磁波対策，障害物回避，衝突抑制などが実現されています．

ロボットの普及のためには，とりわけ安全関連ソフトウェアの開発プラットフォームとロボット機能のソフトウェア・ライブラリ（ミドルウェア）の流通が重要です．たとえば多くのメーカから多様なスマートフォンが販売されているのは，スマートフォン用の基本ソフト（Android）

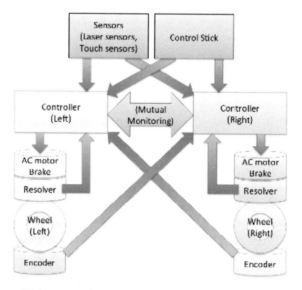

図表 6.28　車いすロボットの安全関連系の構成
［出典：藤原清司（産業技術総合研究所），「生活支援ロボットの安全性検証手法の研究開発」，2014 年 4 月］

第6章 ロボットと機能安全

とミドルウェアが，多くの企業から供給されているからです．自動車や家電のソフトウェアは年々増加していますが，それらに増して，安全関連の制御ソフトウェアは設計・評価ともに工数がかさみます．

そこで，産総研は安全関連部も含むロボット制御ソフトウェアのミドルウェア「RTM Safety」を提唱し，車いすロボットを仮想ターゲット機として，株式会社セックと共にその開発を進めました（**図表 6.29**）．このようなソフトウェア・ライブラリの充実によりサービスロボットの開発は加速し，もっとロボットが身近になるでしょう．

車いすロボットは，機能安全を含む高信頼ロボット開発技術の研究のための試作機なので，いろいろな試みや新技術が投入されました．また，それら新技術の評価，および評価手法の確立のために，機能安全規格を活用しました．これらの知見と経験が，今後のサービスロボット技術開発に反映されていくことでしょう．

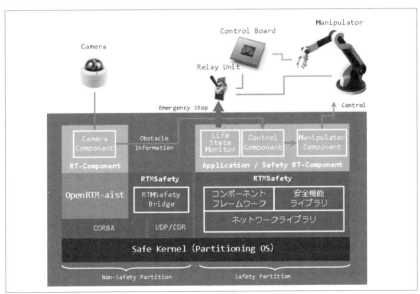

図表 6.29 RTM Safety の構成
（提供：株式会社セック）

6.11 ロボットスーツ®

　医療・介護福祉・生活支援ロボットとして最も注目を集めているのが，装着型のロボットスーツ®でしょう．

　ロボットスーツ HAL®（ハル）は，身に付けることで装着者の身体機能を改善・補助・拡張・再生する世界初のサイボーグ型ロボットです．医療機器でもあり生活支援ロボットでもあるロボットスーツは，文字どおり，ロボットを「着て」動作します．

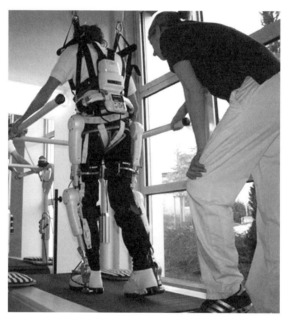

図表 6.30　HAL® 医療用下肢タイプ
(提供：CYBERDYNE 株式会社)
(Prof. Sankai, University of Tsukuba / CYBERDYNE Inc.)

図表 6.30 は，サイバーダイン株式会社のロボットスーツ HAL® 医療用下肢タイプです．HAL® は，人が身体を動かそうとするときに，脳から神経を通じて筋肉に伝達される微弱な生体電位信号を皮膚に貼り付けたセンサで読み取り，装着者の意思にしたがって動作します．脳・神経・筋系の機能改善・再生を促進する世界初のロボット治療機器であるこの医療用 HAL® は，日本および欧州全域で医療機器の承認／認証を得ています．

図表 6.31 は安川電機株式会社の歩行アシスト装置「ReWalk（リウォーク）」です．歩行アシスト装置は，脊髄損傷による下肢麻痺者の立位，歩行を実現する装具として，認定病院での導入トレーニングを受けた後，生活圏内で利用できます．

図表 6.31　歩行アシスト装置「ReWalk」
(安川電機株式会社，著者撮影)

第1章では，機械（ロボット）の安全原則として，人と機械を隔離する「隔離の原則」があるとお話ししました．ところが，全く新しい分野である生活支援ロボットとしてのロボットスーツは人と機械が接触して使用するので，隔離の原則が使えません．

　もう一つの「停止の原則」も微妙です．安全上の理由からロボットスーツを着用中に「あぶない！」となって非常停止すると，ロボットスーツがアシストしていた重量が装着者にかかってしまいます．非常停止によって装着者が怪我を負いかねません．

　したがって，ロボットスーツの安全の考え方は，これまでの機械とは異なる概念が必要となります．

6.12 生活支援ロボット安全検証センター

　サービスロボットは，これまでの安全の考え方とは異なるので，新たな安全標準規格が必要です．そこで，日本が中心となり，生活支援ロボットの安全規格である ISO 13482（JIS B 8445）「ロボット及びロボティックデバイス—生活支援ロボットの安全要求事項」を提案・作成しました．

　生活支援ロボットとは何でしょうか．無人飛行機械のドローンが話題になっていますが，生活支援ロボットは地上ロボットに制限されています．また，時速 20 km より速く走行するロボット，軍用または公共応用ロボット，医療機器としてのロボット（例：HAL® 医療用下肢タイプ），水用ロボット，前出の産業用ロボットなどもこの規格の適用外となっています．規格の生活支援ロボットには，装着型，移動作業型および搭乗型の 3 種類が規定されています．

　ISO 13482 の要求事項の概要を，図表 6.32 に示します．特に保護方策には，人とロボットの関係に基づく要求が多く含まれています．

　日本が生活支援ロボットの国際標準化をリードすることは，生活支援ロボットの産業育成においても大きな意義があります．経済産業省の発表資料によれば，「少子高齢化による労働力の不足が懸念されるなかでロボット技術は産業分野のみならず，介護・福祉，家事，安全・安心等の生活分野への適用が期待されているにもかかわらず，生活支援ロボットの安全性技術に関する国内外の規格等は未整備であった．そのため，民間企業の独自の取組みでは技術開発も産業化も加速されなかった．このようなことから，安全性基準に関する国際標準等の整備が求められていた（要約）」とされています[1]．

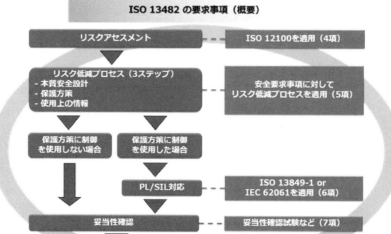

図表 6.32 ISO 13482 の要求事項（概要）
［出典：一般財団法人 日本品質保証機構(JQA) ホームページ］

しかし，標準規格を作っただけでは，安全なサービスロボットかどうかを客観的に判断することはできません．標準規格は専門的であり，それを購入・使用する人にとって「目に見える証」がないからです．そこで経済産業省は，サービスロボットの中でも生活支援ロボットを対象に，対人安全技術の研究開発を実施して，安全性検証手法の確立を目指しています．この成果として，「生活支援ロボット安全検証センター（RSセンター）」を設立し，生活支援ロボットの安全性評価と，安全に関する実験データ収集を進めています．

生活支援ロボット安全検証センターの役割を**図表 6.33** に示します．センターでは，ロボット製造者からの試験依頼を受けて，規格適合の試

---

[1] 経済産業省ウェブサイト（ニュースリリース，「生活支援ロボットの国際安全規格 ISO 13482 が発行されました」，2014年2月）

第6章　ロボットと機能安全

図表 6.33 生活支援ロボット安全検証センターと安全認証にかかわる体制
(出典：生活支援ロボット安全検証センター資料)

験を行い，試験結果を回答します．試験結果を安全性認証機関に提出することで，認証機関はこのロボットが規格に適合した安全なロボットであることの証明書を発行します．これにより，当該ロボットはその安全性を世界的に証明されます．

先の「車いすロボット」も，生活支援ロボット安全検証センターで安全規格に基づく適合性認証試験を受けています．たとえば，障害物の回避性，光学センサ系，障害物接触センサ，車いすの推進力の低減時の動作，不整地などの悪環境状況，EMC（電磁両立性）などを評価しました（図表 6.34）．今後も，生活支援ロボット安全検証センターは，安全なサービスロボットの普及に向けて，製品の安全性を客観的に評価する重大な役割を担っていくでしょう．

図表 6.34 車いすロボットの評価の様子
［出典：藤原清司（産業技術総合研究所），「生活支援ロボットの
安全性検証手法の研究開発」，2014 年 4 月］

2013 年 2 月に，サイバーダイン社が開発したロボットスーツ「HAL® 福祉用（下肢タイプ）」が，世界で初めて ISO/DIS 13482 に適合した安全認証を取得しました．また，2014 年 11 月に「HAL® 介護支援用（腰タイプ）」および「HAL® 作業支援用（腰タイプ）」が作業者および介護者向けの装着型ロボットとしては初めて ISO 13482 の認証を取得しています．

この腰に装着するタイプのロボットスーツ HAL® は，装着者が重量物を持ったときの腰部への負荷を低減します．ベッドから車いすへの移乗等の動作を支援する介護支援用と，工場や建設現場などでの重量物の運搬等の動作を支援する作業支援用の 2 種類があり，防水・防塵や電磁波への耐性など，それぞれの使用環境に対応するための設計仕様が反映されています．認証審査は，一般財団法人 日本品質保証機構（JQA）が行いました．このロボットスーツの開発，標準化，そして認証審査までもが，日本主体で行われたのです．

第6章のまとめ

　産業用ロボットは，もともと日本が得意とした技術分野であり製品でした．さらに，機能安全を導入することで安全に潜むムダを改善し，ロボットの稼働性と生産性を向上させてきました．そして現在も，機能安全の応用によって，人とロボットが協同作業する，「人に優しいロボット」へと進化を続けています．

　その技術は安全PLCなど工場の機械設備全般に展開され，工場の安全性と生産性の両立が進められてきました．機能安全の導入が早い工場ほど，その改善効果は顕著です．

　そして，機能安全技術は，ロボットを工場にしばりつけるだけでなく，日常生活におけるいろいろな手助けをしてくれるサービスロボットに適用されていることを見てきました．この分野は，日本が世界をリードする新分野です．日本は，サービスロボット用の安全規格の提案・策定，そして生活支援ロボット検証センターによる評価技術の確立などを推進しています．

　生活支援ロボットの安全評価技術は，安全性を客観的に保証することができます．使用者は「人に優しいロボット」を安心して導入できるので，これから生活支援ロボットはますます普及することでしょう．

全体のまとめ

　本書をとおして，マイコンやソフトウェアを用いて安全機能を実現する「機能安全技術」について，いろいろな分野の事例を紹介してきました．いずれも安全性の向上はもちろんのこと，それ以上の製品価値の向上がありました．

　たとえば家電（第2章）では，機能安全によって省エネになり，便利になり，ごはんやおかずが一層おいしくなりました．また鉄道（第3章）では，機能安全によって列車が高速になり，快適になり，運行間隔が密になりました．自動車（第4章）では，機能安全によって車がハンドルどおりに走る・止まる，事故が減る，保険金が安くなる，自動車の付加価値が向上するようになりました．エレベーター（第5章）では，機能安全によってビルがコンパクトになり，エレベーター自体も高速になり，輸送力が上がるなど，ビルオーナーの利益が増えました．そしてロボット（第6章）では，機能安全によって機械設備の安全に潜むムダが排除され，稼働率・生産性が向上し，サービスロボットは人に優しくなりました．

　いずれの分野でも，企業は当初，機能安全の導入が開発工数やコストアップになるとして，取組みに消極的でした．しかし実際に導入してみると，機能安全の最大の特徴である，安全機能をきめ細かく定義・制御できることが，これまでの製品やシステムに潜んでいた安全に関するマージンやムダを切り詰めることに役立つとわかってきました．安全性の過剰な向上をねらうのではなく，十分な安全性を確保したうえで，性能や効率を向上させて，製品の付加価値を高めようと考え始めたのです．

2016年に厚生労働省でも，機能安全を生産現場に活用して職場の安全性を向上させる目的で，機能安全による安全確保のための必要な基準等について技術上の指針を制定しました．これが，「機能安全による機械等に係る安全確保に関する技術上の指針（平成28年厚生労働省告示第353号）」（以下，機能安全指針）です．

　これに合わせて同省では，ボイラーについて，機能安全による安全確保を労働安全衛生法令に位置づけ，安全規制の高度化を図るため，関係法令の改正を行いました．

　この法改正により，従来はボイラー資格者による1日1回以上の点検が義務づけられていましたが，信頼性（安全度水準）が証明された制御装置（自動消火装置）を装備したボイラーならば，点検頻度を3日に1回以上にできるようになりました．これを本書風に表現するなら，「機能安全によって人の手間が減る」です．厚生労働省の機能安全指針によって，今後，工場や職場への機能安全の導入が加速するでしょう．

　「機能安全が，製品の付加価値を高めます．」これが，本書のテーマであり，その事例を広い分野から紹介してきました．

　また，生活支援ロボットは，日本が世界をリードする分野です．製品の開発，標準化，安全審査までを日本主導で進めており，「生活支援ロボット安全検証センター」も発足しました．新しい分野，製品の立ち上げには，このような標準化や制度の整備が不可欠ですが，ここでも日本の役割が目立っています．

　今後，機能安全技術はより広い分野に，より多くの製品に適用されていくでしょう．本書が，みなさんの事業や製品開発のヒントになれば幸いです．

あ と が き

　日本規格協会から，機能安全に関するトレーニングコースを立ち上げたいので協力してほしいとの話があり，機能安全の権威や専門家の先生方と企画やマーケティングを重ね，2013 年より『IEC 61508（JIS C 0508）対応　機能安全セミナー』を開講しました．

　本書は，その機能安全セミナー［入門編コース］の「機能安全対策の動向」の内容に，実際の講義では時間が足りずお伝えすることのできない細かい情報を追加して，わかりやすく書き下ろしたものです．

　機能安全セミナー［入門編コース］は，明治大学名誉教授　向殿政男先生の「安全は大事だよ」，富士電機株式会社　戸枝 毅氏の「いつやるの，いまでしょ」に続く，筆者の「安全で儲かります」をテーマにした三つの講義からなり，それらを一日かけて解説しています．これらの講義を聞いて，社内設備やシステムの安全対策，あるいは安全を売り物にした新製品開発の企画書・稟議書が書けるようになることを目標としています．また，機能安全製品開発に必要なハードウェア，ソフトウェア技術についても，同セミナーの中に専用のコースが用意されています[2]．

　もし，安全関連の企画書・稟議書を作成したい，製品開発したいとの思いがあれば，日本規格協会の同セミナーを受講いただければと思います．

　最後に，本書の執筆にあたり，一緒に講義を行いながら様々なご助言をいただいた，向殿政男先生，戸枝 毅氏に心より御礼申し上げます．また，同セミナーの立ち上げ，運営においてご支援いただいた日本規格協会の皆様に御礼申し上げます．また，本書の技術的内容のレビューお

---

[2] 最新情報は，日本規格協会ホームページでご確認ください．
　http://www.jsa.or.jp/

よび図表の提供に協力いただいた三菱電機，ほかの各社の方々にも御礼申し上げます．本書の書籍化にあたっては，筆の重い（キーボードの遅い）執筆者に対して，根気よくかつタイムリーなフォローをいただいた日本規格協会の本田女史には，深く感謝いたします．

2017 年 3 月

神余　浩夫

参考となる文献紹介

【機能安全規格】
- JIS C 0508（IEC 61508）電気・電子・プログラマブル電子安全関連系の機能安全
- JIS C 9960（ISO 12100）機械類の安全性―設計のための一般原則―リスクアセスメント及びリスク低減
- JIS C 9705-1（ISO 13849-1）機械類の安全性―制御システムの安全関連部―第1部：設計のための一般原則
- JIS C 9335-1（ISO 60335-1）家庭用及びこれに類する電気機器の安全性―第1部：通則
- JIS B 8445（ISO 13482）ロボット及びロボティックデバイス―生活支援ロボットの安全要求事項
- JIS B 8433（ISO 10218）ロボット及びロボティックデバイス―産業用ロボットのための安全要求事項
- ISO 26262 自動車―機能安全
- ISO 22201 リフト（エレベータ）―リフトの安全関連アプリケーション内のプログラマブル電子システム（PESSRAL）の設計及び開発
- IEC 61131-6 プログラマブルコントローラ―第6部：機能安全
- IEC 61784-3 工業用コミュニケーションネットワーク―プロファイル―第3部：機能安全フィールドバス―一般規則及びプロファイルの定義
- JIS B 9961（IEC 62061）機械類の安全性―安全関連電気・電子・プログラマブル電子制御系の機能安全
- IEC 61800-5-2 可変速電力ドライブシステム―第5-2部：安全要求事項―機能
- JIS C 0511（IEC 61511）機能安全―プロセス産業分野の安全計装システム
- IEC 61513 原子力発電所―安全性にとって重要な計装及び制御―システムの一般要求事項
- IEC 62278 鉄道分野―信頼性，アベイラビリティ，保全性，安全性（RAMS）の仕様と実証

【機能安全】
- 三菱電機技法 http://www.mitsubishielectric.co.jp/corporate/giho/
- 佐藤吉信「機能安全の基礎」，日本規格協会，2014年
- 佐藤吉信「機能安全／機械安全規格の基礎とリスクアセスメント―SIL，PL，自動車用SILの評価法」，日刊工業新聞社，2011年
- 向殿政男監修，井上洋一ほか「安全の国際規格3 制御システムの安全―ISO 13849-1（JIS B 9705-1），IEC 60204-1（JIS B 9960-1），IEC 61508（JIS C 0508）」，日本規格協会，2007年
- 情報処理推進機構ソフトウェアエンジニアリングセンター 編「組込みシステムの安全性向上の勧め―機能安全編」，オーム社，2006年
- 一般社団法人 日本電気計測器工業会ホームページ（以下，HP）https://www.jemima.or.jp/

【家　電】
- 西田宗千佳「すごい家電 いちばん身近な最先端技術」，講談社，2015年

- 大西正幸「洗濯機技術発展の系統化調査」，国立科学博物館，2011 年
- 一般社団法人 日本電機工業会 HP　https://www.jema-net.or.jp/
- 一般社団法人 日本冷凍空調工業 HP　https://www.jraia.or.jp/

【鉄　道】
- 宮本昌幸「図解・鉄道の科学―安全・快適・高速・省エネ運転のしくみ」，講談社，2006 年
- 宮本昌幸「鉄道車両の科学 蒸気機関車から新幹線まで車両の秘密を解き明かす」，ソフトバンククリエイティブ，2012 年
- 川辺謙一「鉄道を科学する 日々の運行を静かに支える技術」，ソフトバンククリエイティブ，2013 年
- 中村英夫「列車制御―安全・高密度運転を支える技術―」，オーム社，2011 年
- 佐藤芳彦監修，日本鉄道車輌工業会 RAMS 懇話会編「実践 鉄道 RAMS―鉄道ビジネスの新しいシステム評価法」，成山堂書店，2006 年
- 井上孝司，「鉄道と IT」（マイナビニュース，コラム），リクルート，2012 年〜2014 年

【自動車】
- 高根英幸「カラー図解でわかるクルマのハイテク 4 つのタイヤにモーターを載せた電気自動車とは？ミリ波レーダーを利用して追突を防ぐ装置とは？」，ソフトバンククリエイティブ，2009 年
- 青山元男「カラー図解でわかるクルマのメカニズム　なぜ車輪が回るとクルマは進むのか？基本的なしくみをわかりやすく解説！」，ソフトバンククリエイティブ，2013 年
- Volvo Cars Japan HP　http://www.volvocars.com/jp
- 一般財団法人 日本自動車研究所 HP　http://www.jari.or.jp/
- 国土交通省 HP，自動車総合安全情報サイト　http://www.mlit.go.jp/jidosha/anzen/01asv/

【エレベーター】
- 三井宣夫「ロープ式エレベーターの技術発展の系統化調査」，国立科学博物館，2007 年
- 一般社団法人 日本エレベーター協会 HP　http://www.n-elekyo.or.jp/
- 国土交通省 HP，建築政策　http://www.mlit.go.jp/jutakukentiku/build/

【ロボット，FA（Factory Automation）】
- 楠田喜宏「産業用ロボット技術発展の系統化調査」，国立科学博物館，2004 年
- 楠田喜宏「サービスロボット技術発展の系統化調査」，国立科学博物館，2005 年
- 経済産業省 HP，ロボット政策　http://www.meti.go.jp/policy/mono_info_service/mono/robot/
- 厚生労働省 HP，安全・衛生政策　http://www.mhlw.go.jp/stf/seisakunitsuite/bunya/koyou_roudou/roudoukijun/anzen/index.html
- 国立研究開発法人 産業技術総合研究所 HP，ロボットイノベーション研究センター　https://unit.aist.go.jp/rirc/
- 生活支援ロボット安全検証センター HP　http://robotsafety.jp/wordpress/
- 一般社団法人 日本ロボット工業会 HP　http://www.jara.jp/
- 技術研究組合 国際廃炉研究開発機構 HP　http://irid.or.jp/
- CYBERDYNE 株式会社 HP　https://www.cyberdyne.jp/

掲載図表　出典・提供元リスト

図表 1.1　提供：一般社団法人 日本電機工業会（JEMA） http://jema-net.or.jp/
図表 1.2　出典：パナソニック洗濯機　総合カタログ（2013）
図表 2.1　出典：三菱電機株式会社ホームページ
　　　　　http://www.mitsubishielectric.co.jp/
図表 2.2　出典：Panasonic 株式会社ホームページ　http://panasonic.jp/
図表 2.5　出典：Panasonic ホームページ
図表 2.6　出典：三菱電機ホームページ
図表 2.8　出典：三菱電機ホームページ
図表 2.9　出典：三菱電機ホームページ
図表 2.10　出典：三菱電機ホームページ
図表 2.11　出典：三菱電機ホームページ
図表 2.12　出典：三菱電機ホームページ
図表 2.13　出典：三菱電機ホームページ
図表 2.14　出典：三菱電機ホームページ
図表 2.15　出典：三菱電機ホームページ
図表 2.16　出典：三菱電機ホームページ
図表 2.17　出典：三菱電機ホームページ
図表 2.18　出典：三菱電機ホームページ
図表 3.11　出典：三菱電機ホームページ
図表 3.13　出典：CC-BY-SA 3.0, Rsa at Japanese Wikipedia
図表 3.28　出典：三菱電機ニュースリリース　2014 年 11 月 26 日リ本 No.1430
　　　　　http://www.mitsubishielectric.co.jp/news/2014/1126.html
図表 3.30　出典：三菱電機技報　2012 年 01 月号
図表 4.1　出典：Volvo Cars ホームページ　http://www.volvocars.com/
図表 4.2　出典：三菱電機ホームページ（2015 年度）
図表 4.3　出典：一般財団法人 日本自動車研究所ホームページ，原図に著者加筆
　　　　　http://www.jari.or.jp/
図表 4.4　出典：三菱電機ホームページ
図表 4.6　出典：国土交通省ホームページ 自動車総合安全情報サイト
　　　　　http://www.mlit.go.jp/jidosha/anzen/
図表 4.7　出典：国土交通省ホームページ 自動車総合安全情報サイト
図表 4.8　出典：国土交通省ホームページ 自動車総合安全情報サイト
図表 4.10　出典：三菱電機ホームページ（2015 年度）
図表 4.11　出典：国土交通省ホームページ 自動車総合安全情報サイト
図表 4.12　出典：Volvo Cars ホームページ
図表 4.13　出典：国土交通省ホームページ 自動車総合安全情報サイト
図表 4.14　出典：国土交通省ホームページ 自動車総合安全情報サイト
図表 4.15　提供：Volvo Cars Japan
図表 4.17　出典：三菱電機ホームページ
図表 4.18　出典：三菱電機ニュースリリース　2015 年 10 月 14 日自動車 No.1505
　　　　　http://www.mitsubishielectric.co.jp/news/2015/1014-b.html

図表 5.2　出典：三菱電機ホームページ
図表 5.3　出典：三菱電機ホームページ
図表 5.4　出典：三菱電機ホームページ
図表 5.7　出典：三菱電機ホームページ
図表 5.9　出典：三菱電機ニュースリリース　2016 年 5 月 10 日ビル No.1603
　　　　　http://www.mitsubishielectric.co.jp/news/2016/0510.html
図表 5.10　出典：三菱電機ホームページ
図表 5.11　出典：三菱電機ホームページ
図表 5.15　出典：三菱電機ホームページ
図表 5.16　出典：三菱電機ホームページ
図表 5.17　出典：三菱電機ホームページ
図表 5.18　出典：一般社団法人 日本エレベーター協会ホームページ
　　　　　http://www.n-elekyo.or.jp/
図表 5.19　出典：三菱電機技報 2014 年 3 月号，福田ほか「エレベーターの独立型
　　　　　戸開走行保護装置」
図表 5.20　出典：一般社団法人 日本エレベーター協会ホームページ
図表 5.21　出典：一般社団法人 日本エレベーター協会ホームページ
図表 5.22　出典：三菱電機ホームページ
図表 5.23　出典：三菱電機ホームページ
図表 5.24　出典：三菱電機ホームページ
図表 6.1　出典：三菱電機ホームページ
図表 6.2　提供：国立研究開発法人 産業技術総合研究所（産総研）
　　　　　http://www.aist.go.jp/
図表 6.3　出典：三菱電機ホームページ
図表 6.4　出典：三菱電機ニュースリリース　2009 年 7 月 15 日開発 No.0911
　　　　　http://www.mitsubishielectric.co.jp/news/2009/0715.html
図表 6.5（左上および右上）　出典：三菱電機ホームページ
図表 6.6　出典：三菱電機ニュースリリース　2011 年 10 月 11 日開発 No.1112
　　　　　http://www.mitsubishielectric.co.jp/news/2011/1011_zoom_03.html
図表 6.7　出典：三菱電機産業用ロボット MELFA カタログ
図表 6.8　出典：三菱電機汎用 AC サーボ MELSERVO-J4 カタログ
図表 6.9　出典：三菱電機ホームページ
図表 6.10　出典：三菱電機シーケンサ MELSEC カタログ
図表 6.11　提供：IDEC 株式会社　http://jp.idec.com/
図表 6.12　提供：IDEC 株式会社
図表 6.14　提供：IDEC 株式会社
図表 6.15　出典：三菱電機汎用シーケンサ MELSEC カタログ
図表 6.17　出典：三菱電機ホームページ
図表 6.18　出典：三菱電機ホームページ
図表 6.19　出典：三菱電気汎用シーケンサ MELSEC iQR シリーズカタログ
図表 6.21　出典：三菱電機ホームページ
図表 6.22　出典：三菱電機 MELFA カタログ
図表 6.23　出典：新エネルギー・産業技術総合開発機構（NEDO）

図表 6.24　出典：技術研究組合　国際廃炉研究開発機構ホームページ
　　　　　http://irid.or.jp/
図表 6.26　提供：国立研究開発法人　産業技術総合研究所（産総研）
図表 6.27　出典：藤原清司（産業技術総合研究所），「生活支援ロボットの安全性検証手法の研究開発」，2014 年 4 月
図表 6.28　出典：藤原清司（産業技術総合研究所），「生活支援ロボットの安全性検証手法の研究開発」，2014 年 4 月
図表 6.29　提供：株式会社セック　http://www.sec.co.jp/
図表 6.30　提供：CYBERDYNE 株式会社　http://www.cyberdyne.jp/
図表 6.32　出典：一般財団法人　日本品質保証機構（JQA）ホームページ
　　　　　https://www.jqa.jp/
図表 6.33　出典：生活支援ロボット安全検証センター資料
　　　　　http://robotsafety.jp/multimedia/RSC_Brochure(101227).pdf
図表 6.34　出典：藤原清司（産業技術総合研究所），「生活支援ロボットの安全性検証手法の研究開発」，2014 年 4 月

著者紹介

神余　浩夫（かなまる　ひろお）

1987 年	大阪大学大学院工学研究科 原子力工学修士課程 修了
1987 年	三菱電機株式会社入社
	以降，三菱電機中央研究所，産業システム研究所，先端技術総合研究所にて，プラント制御システム，制御ネットワーク，高信頼システム，安全システムなどの研究・開発に従事．
2004 年	三菱電機株式会社 名古屋製作所
	安全シーケンサ MELSEC Safety，CC-Link Safety の開発に従事．
2011 年	三菱電機株式会社 先端技術総合研究所
	機能安全システム，制御システムセキュリティの研究・開発に従事．
2016 年〜	三菱電機株式会社 先端技術総合研究所 主席技師長

現　在
　　TÜV 機能安全エキスパート（FS expert）
　　NECA セーフティアセッサ（機能安全分野）
　　日本規格協会「IEC 61508（JIS C 0508）対応　機能安全セミナー」講師（2013 年〜）
　　IEC 61508 国際エキスパート

目で見る機能安全　　　　　　　　　定価：本体 2,000 円（税別）

2017 年 4 月 6 日　第 1 版第 1 刷発行

著　者　神余　浩夫
発行者　揖斐　敏夫
発行所　一般財団法人 日本規格協会
　　　　〒108-0073　東京都港区三田 3 丁目 13-12　三田 MT ビル
　　　　　　　　　　http://www.jsa.or.jp/
　　　　　　　　　　振替　00160-2-195146
印刷所　日本ハイコム株式会社
製　作　有限会社カイ編集舎

© Hiroo Kanamaru, 2017　　　　　　　　　Printed in Japan
ISBN978-4-542-30703-2

　● 当会発行図書，海外規格のお求めは，下記をご利用ください．
　　　販売サービスチーム：(03)4231-8550
　　　書店販売：(03)4231-8553　注文 FAX：(03)4231-8665
　　　JSA Web Store：http://www.webstore.jsa.or.jp/

図 書 の ご 案 内

機械・設備の
リスクアセスメント

セーフティ・エンジニアがつなぐ,
メーカとユーザのリスク情報

向殿政男　監修
日本機械工業連合会　編／川池　襄・宮崎浩一　著
A5判・310ページ定価：本体 3,400 円（税別）

2011 年 2 月 18 日発刊

機械・設備の
リスク低減技術

セーフティ・エンジニアの基礎知識

向殿政男　監修
日本機械工業連合会　編
A5判・272ページ定価：本体 2,800 円（税別）

2013 年 7 月 16 日発刊

おはなし科学・技術シリーズ
安全とリスクのおはなし
―安全の理念と技術の流れ―

向殿政男　監修
中嶋洋介　著
B6判・182ページ定価：本体 1,400 円（税別）

2006 年 6 月 23 日発刊

日本規格協会　http://www.webstore.jsa.or.jp/

図 書 の ご 案 内

安全の国際規格　第 1 巻
安全設計の基本概念

ISO/IEC Guide 51(JIS Z 8051)
ISO 12100(JIS B 9700)

向殿政男　監修
宮崎浩一・向殿政男　共著
A5 判・158 ページ定価：本体 1,800 円（税別）

2007 年 5 月 21 日発刊

安全の国際規格　第 2 巻
機械安全

ISO 12100-2(JIS B 9700-2)

向殿政男　監修
宮崎浩一・向殿政男　共著
A5 判・222 ページ定価：本体 2,500 円（税別）

2007 年 6 月 25 日発刊

安全の国際規格　第 3 巻
制御システムの安全

ISO 13849-1(JIS B 9705-1)
IEC 60204-1(JIS B 9960-1)
IEC 61508(JIS C 0508)

向殿政男　監修
井上洋一・川池襄・平尾裕司・蓬原弘一　共著
A5 判・288 ページ定価：本体 2,500 円（税別）

2007 年 9 月 25 日発刊

日本規格協会　　http://www.webstore.jsa.or.jp/

図書のご案内

機能安全の基礎

佐藤吉信　著

A5 判・366 ページ

定価：本体 4,500 円（税別）

2014 年 6 月 27 日発刊

【主要目次】
第 1 章　背景とフレームワーク
1.1　安全指針の策定へ
1.2　機能安全規格の現況
1.3　機能安全の導入に向けて
第 2 章　主な用語と基本的概念
2.1　安全機能
2.2　故障，修復，作動要求及び完了
2.3　危害，潜在危険（ハザード）及び潜在危険の同定
2.4　安全 vs. 危険な状態
2.5　安全側 vs. 危険側故障
2.6　システムの安全な状態への遷移
2.7　システムの構造と複雑度
2.8　リスクアセスメント
2.9　ETA とリスクプロファイル
2.10　安全原則及び各種の手法
2.11　まとめ
第 3 章　ディペンダビリティ（信頼性）の基本関係式
3.1　信頼性とは
3.2　ハードウェアの故障モデル
3.3　主な信頼性関係式
3.4　故障から修復の過程
3.5　平均機能失敗確率 PFD_{avg} と平均フォールト時間 MFT
3.6　故障及び修復が混在する過程
3.7　故障頻度（故障強度，無条件故障率）と故障回数
3.8　まとめ
第 4 章　システム機能の構造解析
4.1　用語及び記号
4.2　信頼性ブロック図（RBD）
4.3　構造関数による解析
4.4　フォールトツリー（FT）
4.5　双対構造関数による解析
4.6　コヒーレントシステム
4.7　フォールトトレラントシステム
4.8　RBD 技法と FTA 技法
4.9　複雑なシステムの解析
4.10　まとめ
第 5 章　システムの信頼性関係式
5.1　記号の定義
5.2　修復のないシステム機能
5.3　プルーフテストによる PFD_{avg} と MFT
5.4　自己診断機能及び修復について
5.5　自己診断機能及び修復のある直列系
5.6　自己診断機能及び修復のある並列系
5.7　k-out-of-n 構造
5.8　システム機能失敗論理
5.9　まとめ
第 6 章　機能安全とリスクアセスメント
6.1　リスクの概念と定量化の尺度
6.2　多重防護層とリスク軽減
6.3　危険事象による作動要求モードと安全度
6.4　危害事象頻度と危害事象率
6.5　冗長構成の E/E/PE 安全関連系
6.6　まとめ
第 7 章　機能安全アセスメント
7.1　要求機能遂行の失敗について
7.2　多重防護層間の共通原因故障と SIL の割当て
7.3　その他の非独立事象の考慮
7.4　自動車エアバッグシステムの機能安全
7.5　自動車プリクラッシュシステムの機能安全
7.6　機能安全アセスメントとリスク分析技法
7.7　まとめ

日本規格協会　http://www.webstore.jsa.or.jp/